JN204256

スッキリ！がってん！

# 高圧受電設備の本

栗田　晃一［著］

電気書院

[本書の正誤に関するお問い合せ方法は，最終ページをご覧ください]

# はじめに

電気についての話をすると,「見えないので怖い」と応える方々が多い．照明の灯りや，心地よい環境をつくるエアコンの送風など，電気がつくる現象を目にすることはできるが，電気そのものを目にすることはできず，説明のためには電磁気学から始まる幾多の知識を総動員することになる．

筆者は電気管理技術者として，お客様の高圧受電設備を預かり，事故の防止を呼びかけている．設備の老朽化や機能の低下を説明するが,「壊れて停電しているわけではないから使えるだろう」という意見には，いかに分かり易く危険性を理解していただくか苦慮する．

また第１種電気工事士の受験対策の講師として，高圧受電設備の講義を担当している．電気工事のプロフェッショナルを目指す受講生とはいえ，実際に触れる機会は限られるため，資格取得のためには，設備について短期に的確に理解していただくことが求められる．

このたび編集者より高圧受電設備について,「スッキリ！　がってん！」シリーズで基礎知識を分かり易く読者に届けたいという熱い思いに共感し，本書の執筆をお受けすることになった．

見えない電気を，どのように見えるようにするかが，分かり易い理解につながるのではと考える．そこで高圧受電設備を各機器が役割分担を持つチームとして見てみよう．その役割とは「通す」「変える」「断つ」「見える」に分かれており，互いに連携することで目的を達成する．このチームの目的とは電気の安定的な供給と事故の未然防止である．各機器には図や写真を添えており,「選手名鑑」を見るつもりで読んでいただければと思う．またチームの動きには電気事業法などのルールがある．多少難しくなる場面もあるがルールを守ることが，目的の達成には必要であるため承知いただきたい．

本書が，読者の高圧受電設備へのご理解にすこしでも資することができれば，筆者の望外の幸せである．

2018年3月　筆者記す

# 目　次

# 1 高圧受電設備ってなあに

## 1.1　高圧受電設備とは

屋外に出て空を見上げると，電柱には電線が複雑に接続されている．また，高電圧のため危険表示された構造物などを見かける．そして屋内では，変電設備のために立入禁止が明記された部屋などを見かけることもある．これらは日常生活で見かける風景であり，電気に関する設備という想像はつくが，電気がどのような経路，設備を経て我々のもとに送られてきているのかを具体的にイメージできる方は少ないのではないだろうか．

図1・1　市街地で見かける電気に関する設備

本書で取り上げる「高圧受電設備」とは，上記の立入禁止の構造物や立入禁止の変電室の内部にある設備が該当し，我々の日常生活で使用する照明やコンセントなどの電気機器を安全に使用できるようにする設備である．この高圧受電設備を具体的に知るためには，まずは電圧の区分や電気を受電する設備，電気が送られる経路などを把握しておく必要がある.

### (i) 電圧の区分と電気の受電設備

(1)　電圧の区分

電圧の区分は「低圧」,「高圧」,「特別高圧」の3種類とされ，交流と直流で以下のように規定されている（電気設備に関する技術基準を定める省令第2条).

表1・1　電圧の区分

| 区分 | 交流 | 直流 |
|---|---|---|
| 低圧 | 600 V以下のもの | 750 V以下のもの |
| 高圧 | 600 Vを超え<br>7 000 V以下のもの | 750 Vを超え<br>7 000 V以下のもの |
| 特別高圧 | 7 000 Vを超えるもの | 7 000 Vを超えるもの |

(2)　電気を受電する設備

電気を受電する設備（受電設備）は，発電，変電，送電，配電又は電気の使用のために設置する設備（機械，器具，ダム，水路，貯水池，電線路など）が該当し，これらを「電気工作物」という（電気事業法第2条第16号). 電気工作物は「事業用電気工作物」と「一般用電気工作物」に区分され，事業用電気工作物はさらに「電気事業用電気工作物」と「自家用電気工作物」に分けられる.

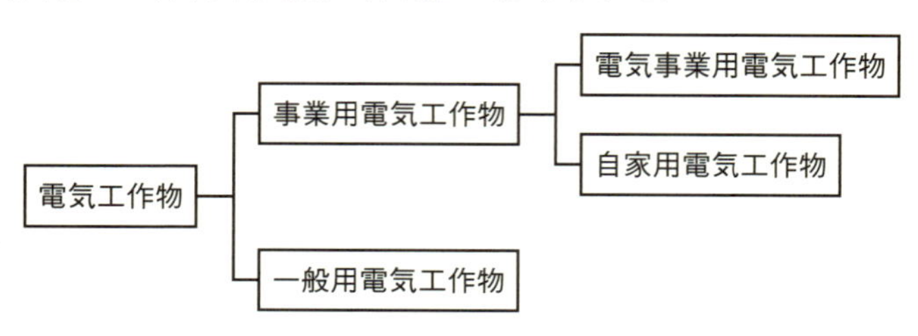


図1.2　電気工作物の区分

一般用電気工作物は600 V以下（低圧）で受電する需要設備であり，主に一般住宅や小規模な店舗，小規模太陽光発電などである．

事業用電気工作物のうち，電気事業者（電力会社など電気を供給する側）の発電所，変電所，送電線路，配電線路，柱上変圧器などが電気事業用電気工作物に該当する．そして，一般用電気工作物と電気事業用電気工作物以外で，600 Vを超えて受電する需要設備や，一定出力以上の発電設備が自家用電気工作物となる．一般的には高圧や特別高圧で受電する工場やビルなどが該当する．なお，「高圧受電設備」は6 600 Vで受電する自家用電気工作物である．

### (ii) 電気が送られる経路

(1) 送配電の概要

電気は「発電（つくる）」，「送電（おくる）」，「配電（くばる）」という経路で我々のもとまで送られる．

図1・3は電力会社など電気を供給する側の発電所（電気事業者）から電気の供給を受ける側である小工場，住宅など（需要家）までの経路の概要であるが，一般的に送電では特別高圧が使用され，配電では高圧が使用される．そして，照明器具など設備に使われる電圧が低圧である．なお，原則として使用する負荷設備より算出される契約電力が50 kW未満の場合は低圧（100 V·200 V）で受電し，50 kW以上2 000 kW未満は高圧（6 600 V）で受電する．2 000 kW以上は特別高圧での受電となる．

発電所で発電された電気は，交流の500 kV～275 kVの超高電圧に変電され，「送電線路」によって各変電所（超高圧，一次，中間，配電用）に送電される．このときに各変電所では電圧を段階的に下げ，最終的に「配電線路」によって配電用変電所から需要家まで配電される．

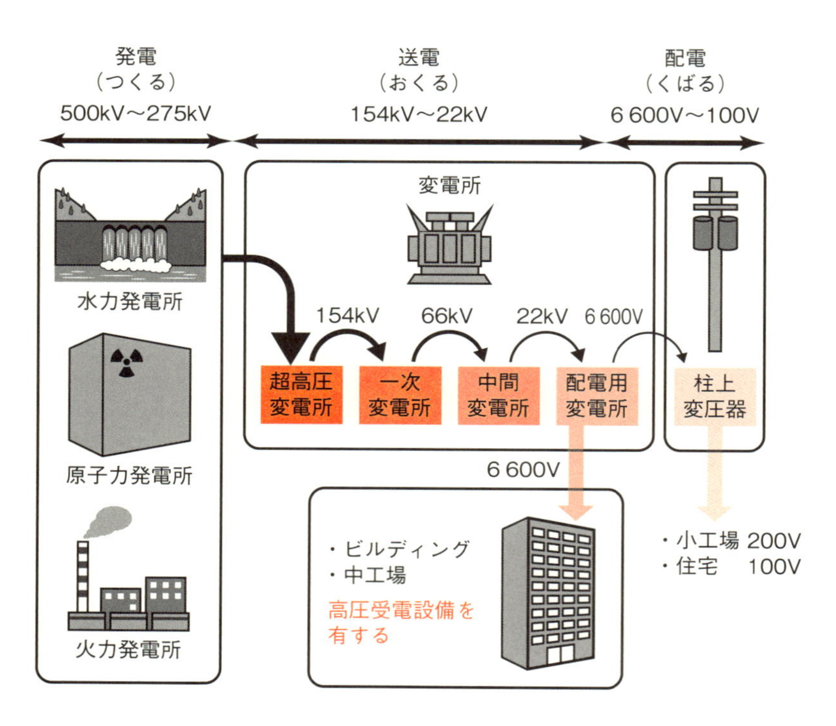


図1・3　発電から配電までの電気の経路

発電所で発電された電気の電圧を高くする理由は，電線の発熱による送電の損失を少なくするためである．送電線の導体にも若干の電気抵抗があり，送電線に電流が流れると電気抵抗によって熱（ジュール熱）が発生する．この熱が電気の損失になる．電線の熱は電流が多いほど発生するため（ジュールの法則），電流を少なくすれば損失が少なくなる．同じ電力値においては，電流値と電圧値とは反比例するので，電流を少なくするために電圧を高くする．

発電所で発電された電気は，高電圧に変電されて長距離の区間を効率的に送電され，まず各地に設けられた超高圧変電所において154 kVまで変電された後，一次変電所で66 kVにまで下げられる．154 kV～66 kVに変電された電気は，一部が鉄道会社や大規模工場に送電されて各企業内の変電設備で必要な電圧に変圧される．残りは中間変電所に送電されて22 kVに変電される．この段階でも一部が大規模工場やコンビナートなどに送電され，残りが配電変電所へ送られる．配電変電所では6 600 Vに変電されて大規模なビルや中規模工場へ配電される．前述のとおり，高圧受電設備は6 600 Vで受電するため，大規模なビルや中規模工場は高圧受電設備を有しており，高圧受電設備で6 600 Vから各施設に必要な電圧に変圧される．また，配電用変電所で変電された6 600 Vは，街中の電線にも配電され，電柱の上にある柱上変圧器（トランス）によって100 Vまたは200 Vに変圧され，引込線から各家庭へと配電される．

送配電の概要は上記のようになるが，高圧の電気を受電した需要家内で，その設備に応じて100 Vや200 Vなどに安全かつ安定的に変電する役割を担う設備が「高圧受電設備」なのである．

⑵　配電方式の概要

電気を需要家に配電するための配電網システムには，電力会社の変電所より1回線で引込される「本線方式」，常用の引込線と別に予備の引込線を設ける「本線予備線方式」，電力会社と複数の需要家とでループ（輪）を構成する「ループ受電方式」，同じ系統の2回線以上の配電線から別々に引込む「スポットネットワーク方式」がある．高圧で受電する場合は一般的に「本線方式」が採用され，病院など供給信頼度が必要な施設では「本線予備線方式」を採用する．

配電は電柱を使用して配電線を支持する「架空配電」と地中に埋設したケーブルを使用して配電する「地中配電」に分けられる．また，需要家へ電気を供給する配電方式には，「単相2線式」，「単相3線式」，「三相3線式」，「三相4線式」などがある．配電変電所で6 600 Vに変電された電気は，配電線により需要家に供給される．配電線の配電方式は「三相3線式（6 600 V）」であり，高圧受電設備もこの三相3線式で受電する．これは，高圧受電設備が6 600 Vで電気を引き込み，高圧受電設備において100 Vや200 Vなどに変圧するためである．一方，低圧で受電する一般家庭用などは，電柱の上にある柱上変圧器によって変圧された100 Vまたは200 Vで電気を引き込むため，2本の電線を使って引き込む「単相2線式」や3本の電線を使って引き込む「単相3線式」などで受電する．単相2線式が100 Vのみの給電に対し，単相3線式では100 Vと200 Vを給電する．また，小規模工場や事業所などで電動機などの動力設備を使用する場合には，「三相3線式（200 V）」で受電する．

### (iii) 高圧受電設備の範囲

#### (1)　責任分界点と高圧受電設備の範囲

一般的に電力会社の配電線路より電気の供給を受ける受電点が，電力会社と需要家の保安上の責任の範囲を分ける場所とされる．これを責任分界点という．責任分界点の位置は，電力会社との協議で決めることとされており，全国的に統一した設定はない．なお，高圧受電設備規程には責任分界点の設定例が挙げられている．

高圧受電設備は，受電点に設置される開閉器及び引込線，受電盤，変圧器，遮断器，計測機器などが該当し，需要家の受電設備と需要家が使用する照明，コンセント，動力などの負荷設備に応じた低圧に変えるための変電設備の総称である．

#### (2)　受電設備の方式と主遮断装置の形式

受電設備の方式には，「開放型高圧受電設備」と「キュービクル

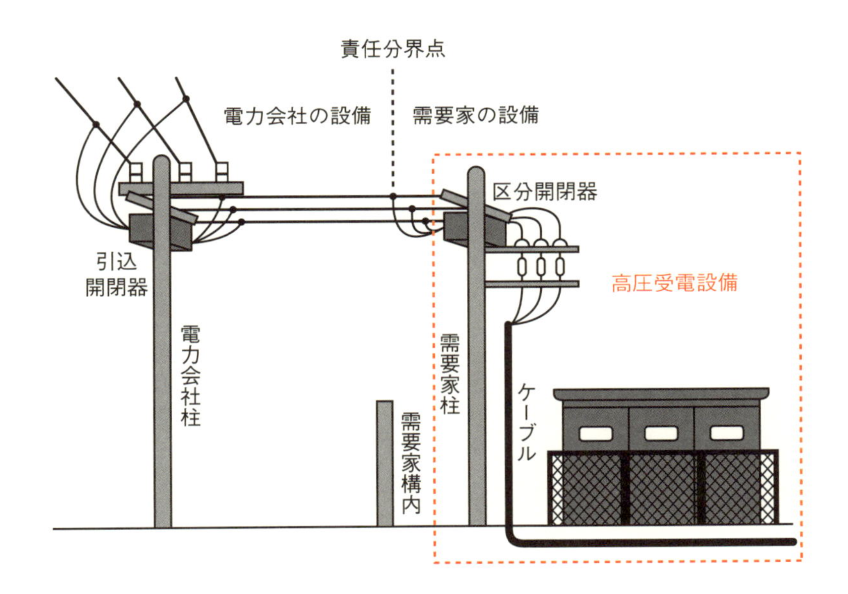


図1・4　高圧受電設備と責任分界点

式高圧受電設備」などがある．開放型高圧受電設備は，鋼材等でフレームを組んで機器を設置する方式の設備であり，屋内式と屋外式がある．キュービクル式高圧受電設備は，「キュービクル」と呼ばれる箱に機器を収める方式の設備である．

また，高圧受電設備では，受電側設備の故障で高圧電路に大きな短絡電流が流れたとき，安全確保を目的に速やかに電路を遮断するための主遮断装置を設置する．主遮断装置の形式は，主遮断装置に遮断器（CB）を用いた「CB形」と高圧交流負荷開閉器（LBS）と限流ヒューズ（PF）を用いた「PF・S形」に分けられる．

主遮断装置の形式が「CB形」の場合，主遮断装置に真空遮断器（VCB）などの遮断器を用い，保護継電器と連携して短絡（ショート），

＊1

**図1・5　キュービクル式高圧受電設備（PF･S形）の外観**

過負荷，地絡（漏電）の保護を行う．また，「PF・S形」は事故電流を高圧交流負荷開閉器（LBS）の限流ヒューズ（PF）の溶断により遮断する．

CB 形

＊2

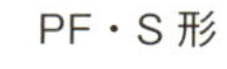

＊3

**図1・6　キュービクル式高圧受電設備の内部**

受電設備の方式や主遮断装置の形式は「受電設備容量」により選定される．この「受電設備容量」とは，主遮断装置以後に接続される変圧器及び同装置より分電される変圧器，高圧電動機など高圧負荷機器の機器容量（kVA）の合計容量をいう．受電設備の方式及び主遮断装置の形式ごとの受電設備容量が規定されており，受電設備容量が300 kVA～4 000 kVAまでの設備では「CB形」を採用し，300 kVA以下の場合は「PF・S形」を採用する．ただし負荷設備に高圧電動機がある場合は，始動電流により電力ヒューズが溶断するおそれがあるため「PF・S形」を採用しない．

**表1・2　主遮断装置の形式と受電設備方式並びに設備容量**

<table>
<tr><th colspan="3" rowspan="2">受電設備方式</th><th colspan="2">主遮断装置の形式</th></tr>
<tr><th>CB形</th><th>PF・S形</th></tr>
<tr><td rowspan="4">開放型<br>（箱に収めないもの）</td><td rowspan="3">屋外式</td><td>屋上式</td><td>制限なし</td><td>150 kVA</td></tr>
<tr><td>柱上式</td><td>使用不可</td><td>100 kVA</td></tr>
<tr><td>地上式</td><td rowspan="2">制限なし</td><td>150 kVA</td></tr>
<tr><td colspan="2">屋内式</td><td>300 kVA</td></tr>
<tr><td rowspan="2">閉鎖型<br>（箱に収めるもの）</td><td colspan="2">キュービクル式*1</td><td>4 000 kVA</td><td rowspan="2">300 kVA</td></tr>
<tr><td colspan="2">上記以外のもの*2</td><td>制限なし</td></tr>
</table>

*1：JIS C 4620（キュービクル式高圧受電設備）に適合するもの
*2：JIS C 4620に準ずるもの又はJEM 1425（金属閉鎖形スイッチギヤ及びコントロールギヤ）に適合するもの

表1・3はPF・S形のキュービクル設備の銘盤の記載例である.

表1・3　PF・S形キュービクル設備の銘盤記載例

| 型式 | PF・S形 |
|---|---|
| 受電方式 | 三相3線式　6 600 V *1 |
| 定格周波数 | 50 Hz |
| 受電設備容量 | 175 kVA *2 |
| 定格遮断容量 | 40 kA *3 |
| 総重量 | ○○kg |
| 製造番号 | ○○ |
| 製造年月 | ○○年○○月 |

*1：配線方式・受電電圧の記載
*2：受電設備容量の合計の記載
*3：LBSの定格遮断容量の記載

## 1.2 高圧受電設備を構成する機器

### (i) 単線結線図

高圧受電設備を構成する各機器の接続関係や全体的な設備内容を簡略的に表す図として，単線結線図がある.

単線結線図はスケルトン図などとも呼ばれ，図1・7の上部が電源側，下部が負荷側を示している．また図の右側の横線につながる部分は保護継電器や計器など低圧の機器を示す.

図1・8は屋外の受電点に区分開閉器として地絡継電装置付高圧交流負荷開閉器（GR付PAS）を設置した屋内のCB形キュービクル設備の例である．設置される場所により屋外と屋内に分かれ，屋内（キュービクル）では受電盤と配電盤に分かれる．電力需給用計器用変成器（VCT：Voltage and Current Transformer）は電力会社や施設の状況によって屋外に設置する場合がある.

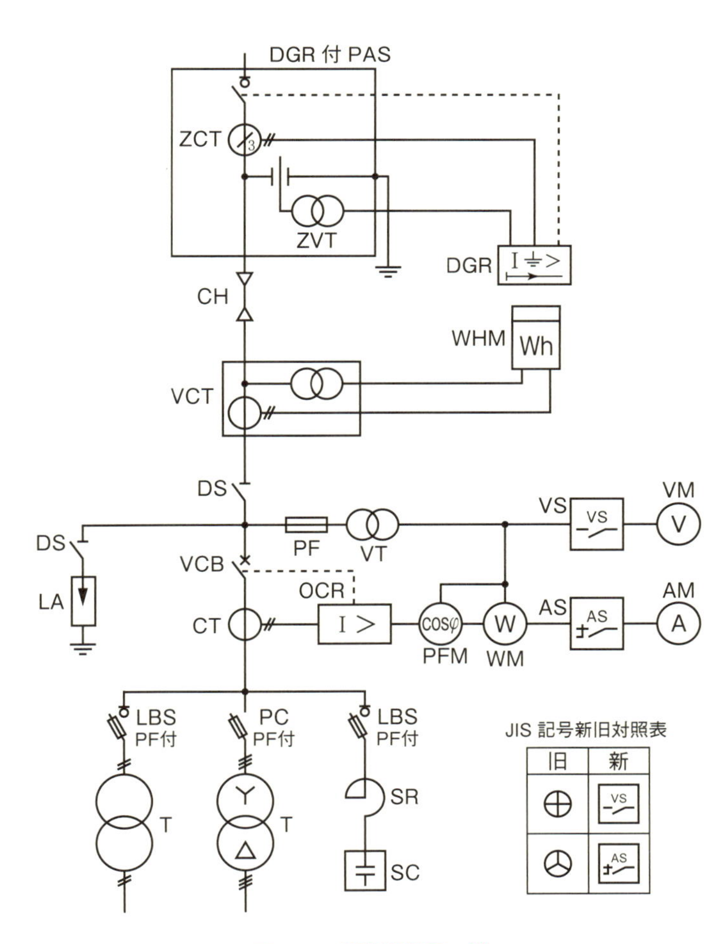
DGR 付 PAS
ZCT
ZVT
DGR
I⏚>
CH
WHM
Wh
VCT
DS
VS
VM
V
PF
VT
DS
VCB
OCR
LA
CT
I >
cosφ
W
AS
AM
A
PFM
WM
LBS
PF付
PC
PF付
LBS
PF付
SR
T
T
SC
JIS 記号新旧対照表
旧
新

図1・7　単線結線図の例

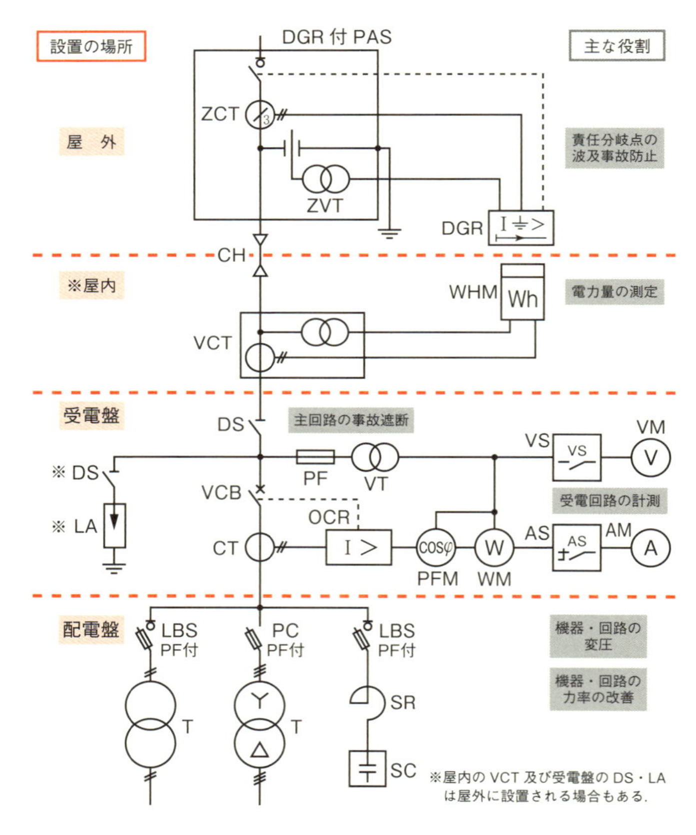


図1・8 単線結線図の例

### (ii) 構成機器類の役割

高圧受電設備を構成する機器類は，その役割によって，電流を「通す」役割の機器類，電圧や電流を「変える」役割の機器，電流を「断つ」役割の機器，電圧や電流を「見える」状態にする役割の機器の4つに大別できる．

(1) 「通す」役割の機器類

高圧受電設備に電源を供給する，いわゆる電流を「通す」役割のものは，ケーブルや絶縁電線，配線を支持するがいし，ケーブルヘッド（CH）などのケーブル終端処理部分であり，単線結線図では，図1・9に示す部分となる．

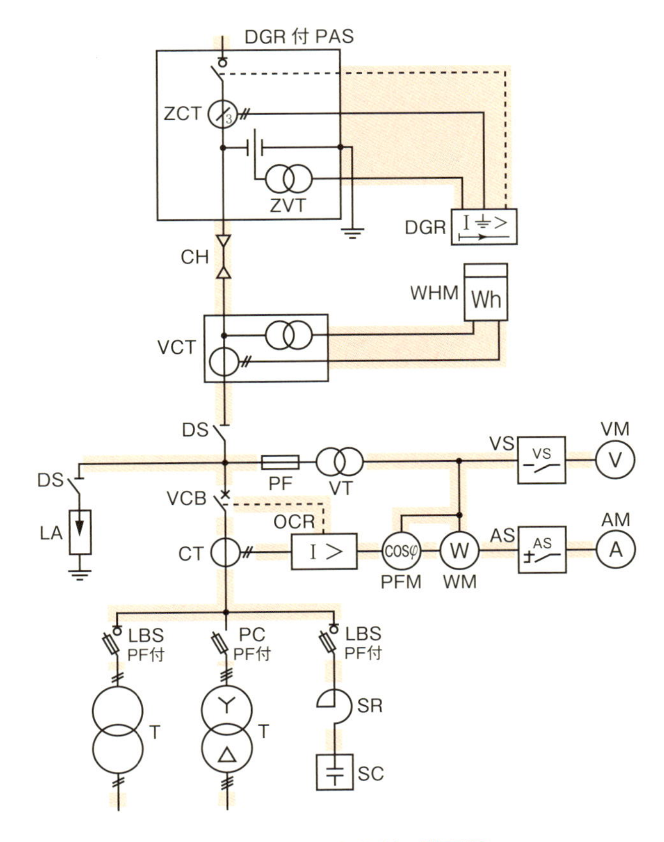


図1・9 「通す」役割の機器類

⑵　「変える」役割の機器

高圧受電設備に電源を供給する電圧・電流や力率などを目的に応じて，電気的な特性や性状を「変える」役割の機器には，電力量を計測するため低電圧と小電流に変える電力需給用計器用変成器（VCT），高圧電路の電圧を低電圧に変える計器用変圧器（VT），高圧電路の電流を小電流に変える計器用変流器（CT），高圧電路の電圧を負荷に応じた電圧に変える変圧器（T），高調波と高圧進相コンデンサへの突入電流を変える直列リアクトル（SR），力率を変える高圧進相コンデンサ（SC）などがある．

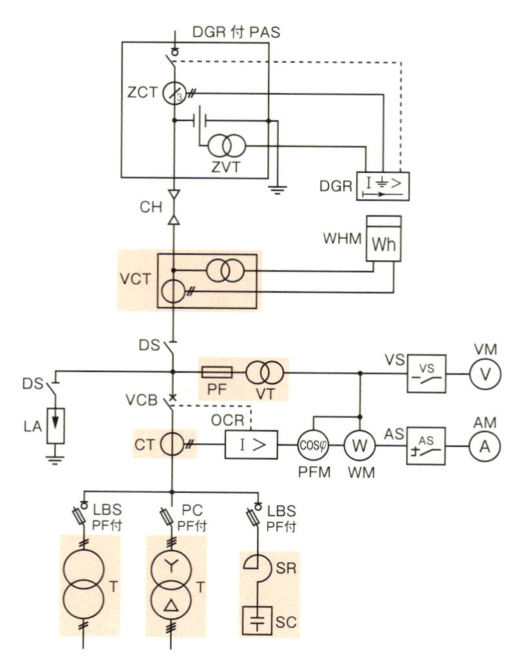


図1・10　「変える」役割の機器

(3) 「断つ」役割の機器

高圧受電設備は，需要家に安全かつ安定的に電力を供給することを目的に設置されるので，事故が起こった場合，その事故の範囲が

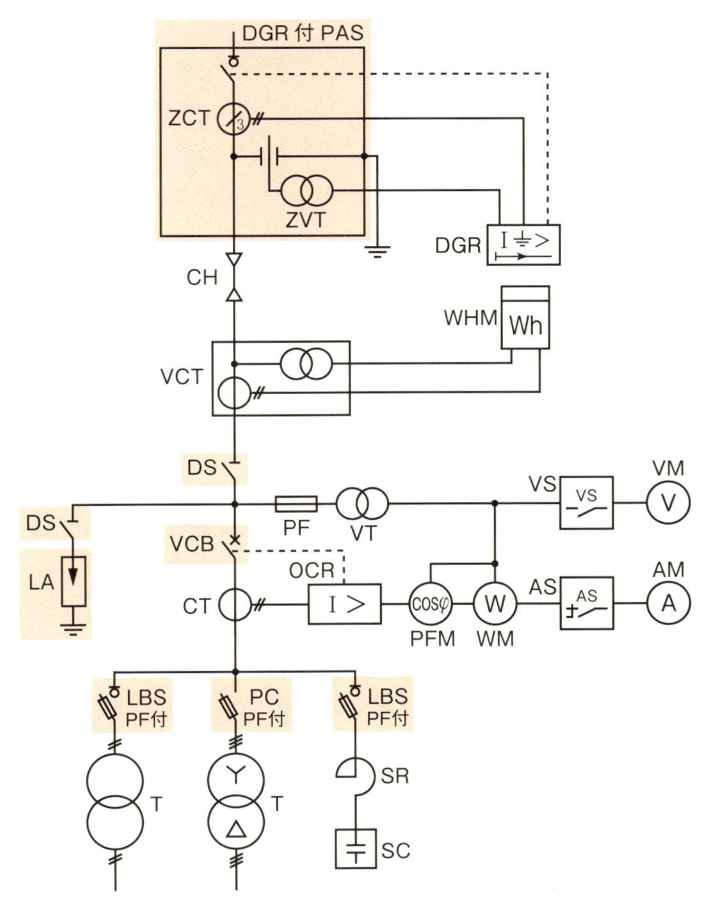


図1・11 「断つ」役割の機器

拡大する波及事故の防止が重要となる．そのため，高圧受電設備に接続される機器の容量・性状に応じて，電圧・電流を「断つ」機器を設置して，事故の被害を最小限度の範囲に留める．

この「断つ」役割の機器には，地絡継電装置付高圧交流負荷開閉器（GR付PAS），高圧断路器（DS），真空遮断器（VCB），高圧交流負荷開閉器（LBS）や高圧カットアウト（PC），避雷器（LA）などがある．

これらの「断つ」役割の機器には被害を留める範囲があり，検知する要素・遮断する電気的な容量・遮断の方式により区分される．その概要を図1・12に示す．

(4)「見える」役割の機器

「見える」役割とは，高圧受電設備の短絡・地絡・過負荷などの事故の要因となる要素を判定できるようにしたり，電圧・電流・電力・力率などの大きさを数値的に「見える」ようにすることである．この役割の機器には継電器と計量器が該当し，継電器には無方向地絡継電器（GR），地絡方向継電器（DGR），過電流継電器（OCR）など，計量器には電流計（AM），電圧計（VM），力率計（PFM），電力計（WM），電力量計（WHM）などがある．また，電圧計切換スイッチ（VS）や電流計切換スイッチ（AS）も「見える」役割の機器に区分できる．

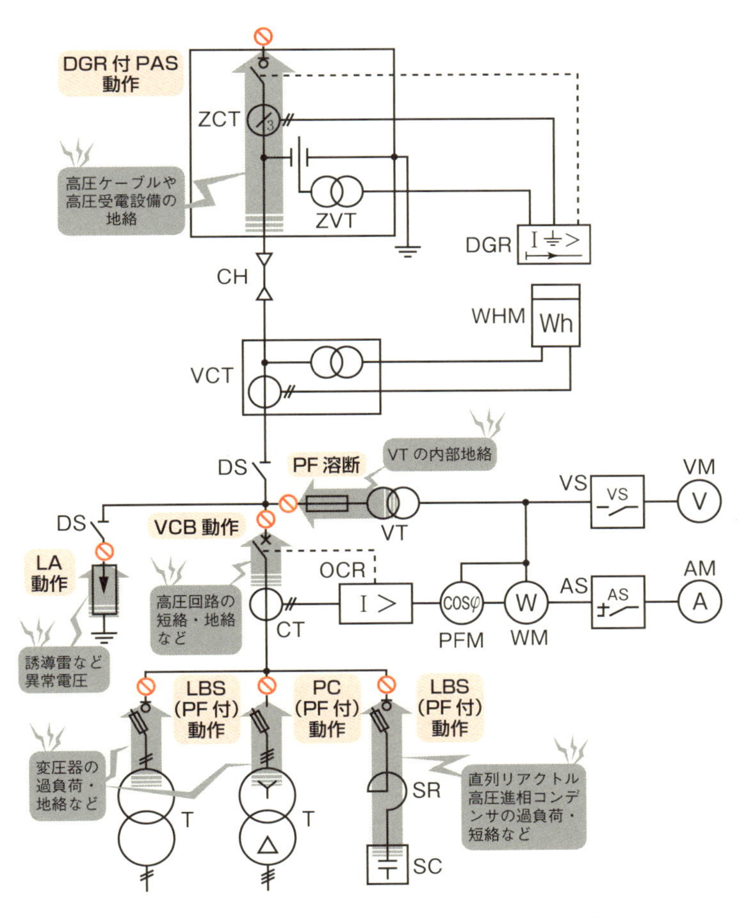


図1・12 「断つ」役割の機器が遮断する事故と範囲

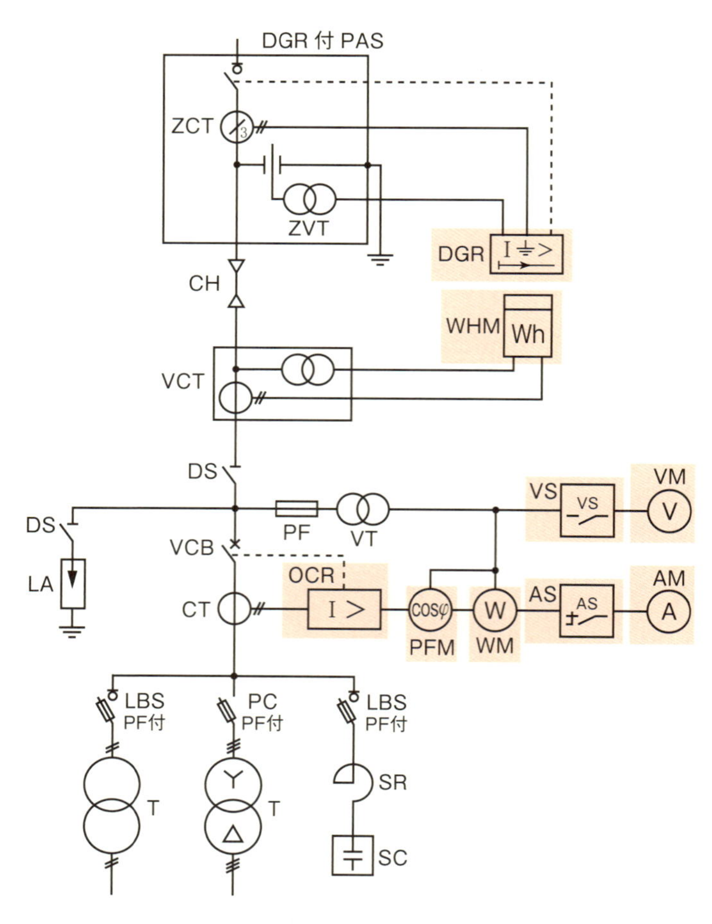


図1・13　「見える」役割の機器

# 2 高圧受電設備の基礎

## 2.1 「通す」役割の機器類

「通す」役割の機器類には，ケーブル，絶縁電線，がいしなどが該当する．

配電線路は，屋外用の高圧絶縁電線を経てGR付PASなどの区分開閉器よりケーブルヘッド（CH：Cable Heads）・CVケーブルあるいはCVTケーブルでキュービクルなどの屋内の高圧受電設備に接続する．そして屋内ではKIPなどの高圧絶縁電線を使用して各設備に接続する．また，計量器や保護継電器などへの接続，いわゆる計装用にはCVVケーブルが使用される．これらの電線やケーブルは，屋外では高圧耐張がいし・高圧中実がいし・高圧ピンがいしにより支持・固定され，屋内ではクリート・エポキシ樹脂碍子・高圧屋内支持がいしによって支持・固定される．

ケーブルや絶縁電線は，内部導体が絶縁体で覆われており，この絶縁体が破壊されて絶縁状態が保てなくなる（絶縁破壊）と空中での放電などによって事故が生じる．また，がいしには支持・固定材の絶縁状態の確保が求められる．このように「通す」役割の機器類は，電気を安全に安定的に「通す」ことが役割であるが，事故防止のために電気を「通さない」絶縁性能が求められる．

### (i) 高圧受電設備で使用されるケーブルや絶縁電線

電気設備に関する技術基準を定める省令第1条第6号には，「「電

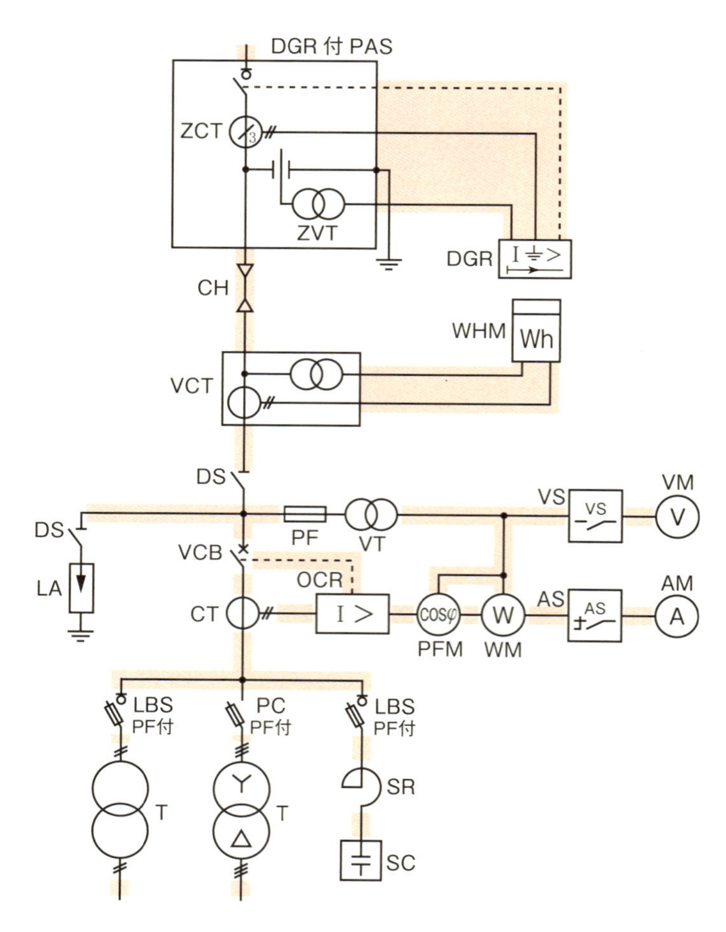


図2・1 「通す」役割の機器類

線」とは，強電電流電気の伝送に使用する電気導体，絶縁物で被覆した電気導体又は絶縁物の被覆した上を保護被覆した電気導体をいう.」と定義されている．一般にいう絶縁電線とは，この定義の「絶縁物で被覆した電気導体」に該当し，電気導体（電気を通しやすい素材）を絶縁物（電気を通しにくい素材）で覆ったものを指す．また，一般にいうケーブルとは，上記の定義の「絶縁物の被覆した上を保護被覆した電気導体」に該当し，絶縁電線をさらに保護被覆（シース）で覆ったものを指す．

高圧受電設備で用いられるものは高圧絶縁電線，高圧ケーブルである．高圧ケーブルには原則として金属製の電気的遮へい層（以下「遮へい層」と表記）を有することが義務付けられているという特徴がある．電線は，導体に電圧が印加されると周囲に電界が生じるため，高圧ケーブルでは遮へい層を設けることで，電線の絶縁体に加わる電界の方向を均一にし，耐電圧特性の向上，導体間の短絡事故の防止，ケーブル終端部での遮へい層への接地による感電防止などを図っている．なお，高圧絶縁電線には遮へい層を有する規定はない．ここでは，代表的な高圧ケーブルや高圧絶縁電線について解説する．

(1) OC・OE

OC，OEはともに屋外の高圧架空電線路に用いられる絶縁電線である．

OCは屋外用高圧架橋ポリエチレン絶縁電線といい，アルファベット表記「Outdoor Crosslinked polyethylene」であるので，文字記号は「OC」とされている．耐候性に優れた黒色架橋ポリエチレンで絶縁されていて，屋外用絶縁電線において同一温度条件化で最も許容電流が大きい．なお，「架橋」とは，分子間に橋をかけて立体の網目構造の分子構造にすることをいう．ポリエチレンは電気的特性に優れるが熱に弱く，軟化する性質があるため，架橋剤を混入して架橋を行い，熱特性を改善させたのが架橋ポリエチレンである．

OEは屋外用高圧ポリエチレン絶縁電線といい，ファベット表記「Outdoor polyethylene」であるので，文字記号は「OE」とされている．導体は黒色ポリエチレンで絶縁されている．OCに比べて常時許容温度が低い．

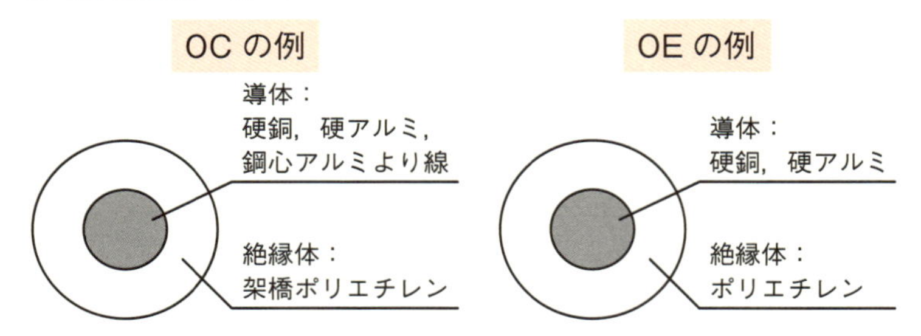


図2・2　OCとOEの構造図例

(2)　CVケーブル

CVケーブルは，架橋ポリエチレン絶縁ビニルシースケーブルをいい，アルファベット表記「cross-linked polyethylene insulated vinyl sheath cable」であるので文字記号は「CV」で「CVケーブル」と称する．

絶縁特性は良好で，屈曲性が良く施工が容易であり，電流容量や許容温度に優れた性能を持つため，高電圧ケーブルに適しており電力用ケーブルとして広く普及している．

3本の心線を束ねてシースで覆うため，コンパクトになり外径を小さくできる．また，外面が平滑なので施工の際に傷つきにくい．

構造は，導体，内部半導電層，絶縁体（架橋ポリエチレン），外部半導電層，遮へい層，外皮にあたる表面を塩化ビニル等のシースにより保護している．導体の絶縁が内部半導電層・絶縁体・外部半導体層により構成される理由は，導体表面の電解の緩和と導体と架橋ポリエチレン絶縁体の隙間により生じる部分放電を防止するためである.

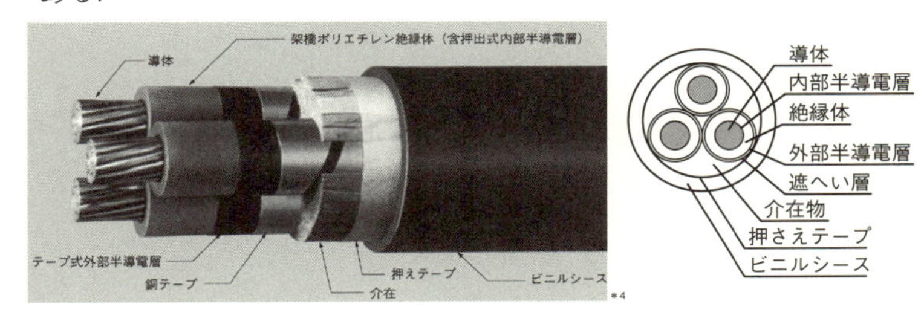


図2・3　CVケーブル

⑶　CVTケーブル

CVTケーブルは，トリプレックス（Triplex）型架橋ポリエチレン絶縁ビニルケーブルといい，「CVTケーブル」と称する.

3本の心線が独立して絶縁・保護されているため，同じ3心のCVケーブルよりも許容電流が大きい．各心線はシースで保護されているため，短絡時の機械的衝撃に強く，地絡時の相互短絡への移行がしくにくい．施工する場合には，端末部が単心ケーブルと同様に扱えるので端末処理が比較的に容易である．また，CVケーブルに比べ10％程度重量が軽い．ケーブルが曲げやすいため，マンホー

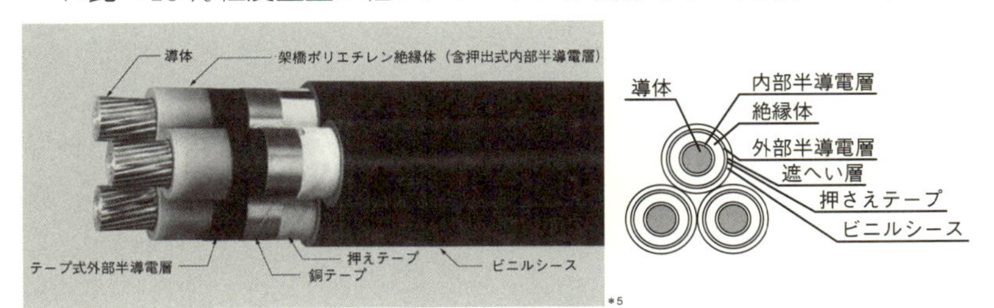


図2・4　CVTケーブル

ルや地下孔寸法を小さくできるなどの利点がある．

⑷　KIP

高圧機器内配線用エチレンプロピレンゴム絶縁電線は，「kouatsu kikinai Indoor ethylene Propylene insulated wire」と表され，「KIP」と称する．KIPは柔らかく作業性が良いことから，キュービクル内の高圧絶縁電線として広く使用されている．

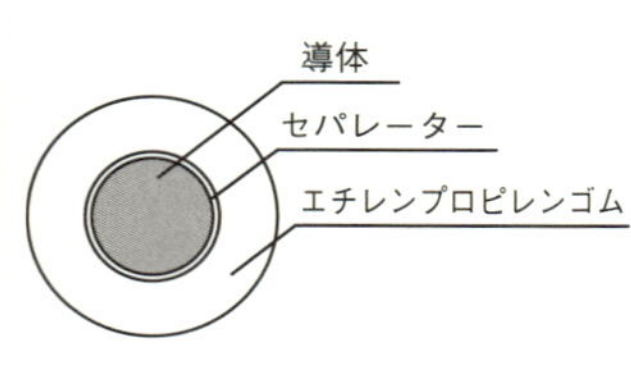


図2・5　高圧機器内配線用エチレンプロピレン絶縁電線

油の多い周囲環境下にあると油分を吸収し膨張する可能性がある．また，遮へい層がないため，キュービクル内金属部の接触や束ねて使用することにより，部分放電が発生するおそれがある．

⑸　CVVケーブル

制御用ビニル絶縁ビニルシースケーブルは，アルファベット表記「Control-use Vinyl insulated Vinyl sheathed cable」であるので，文字記号は「CVV」とされ，「CVVケーブル」と称される．

CVVケーブルは，600 V以下の制御用回線として自動制御配線，計測機器配線などに使用される多心ケーブルである．構造は導体，ポリエチレンまたは架橋ポリエチレンなどの絶縁体，耐燃性ポリエチレンなどによるシースで構成されている．強電流用には原則として使用できず，ビニル絶縁電線なので耐候性は低い．

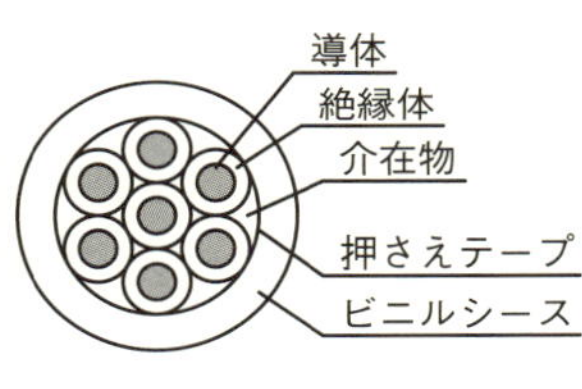


図2・6 CVVケーブル

### (ii) がいし（碍子）

がいしの役割は，電路の絶縁を保ちながら電線を支持することである．がいしは支持物，腕木，支線，支柱等の電線を支持するものとして「電線路」として定義されており（電気設備技術基準省令第1条第八号），施工方法などが定められている．

がいしは屋外用と屋内用に分かれる．屋外用の場合，表面に塩分・粉じん・雨水などが付着しても絶縁を保てるようにヒダを作り，表面積を広くすることで絶縁性を確保している．屋外用は耐熱性と耐候性があり，堅牢な絶縁物である磁器（セラミック）を材料にしている．また，屋内用では合成樹脂の素材が多く使用されている．ここでは，代表的ながいしについて解説する．

(1)　高圧耐張がいし

高圧耐張がいしは，高圧絶縁電線と腕金等金属部の絶縁等を目的として，高圧配電線など高圧絶縁電線の引張荷重の加わる引き留め箇所や振分け箇所において使用される．

高圧耐張がいしの表面には，高圧用を示す着色の表示がある．また，一般地区用の普通型と塩害地区用の耐塩型がある．

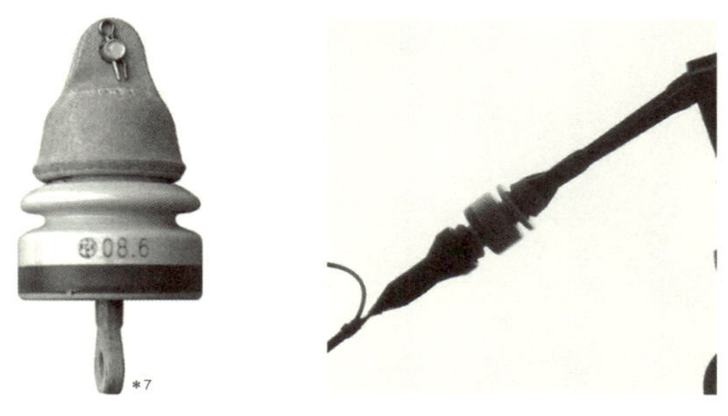


図2・7　高圧耐張がいし

(2)　高圧ピンがいし・高圧中実ピンがいし

高圧ピンがいしは，本線の引通し箇所や腕金付近でのジャンパー保持及び高圧機器の周りのリード線保持などの高圧配電線の支持に使用される．

高圧中実ピンがいしは高圧ピンがいしと同様に高圧配電線の電線を支持する箇所に使用され，高圧ピンがいしより大きな曲げ荷重に耐えられるため，より太い電線を支持することができる．

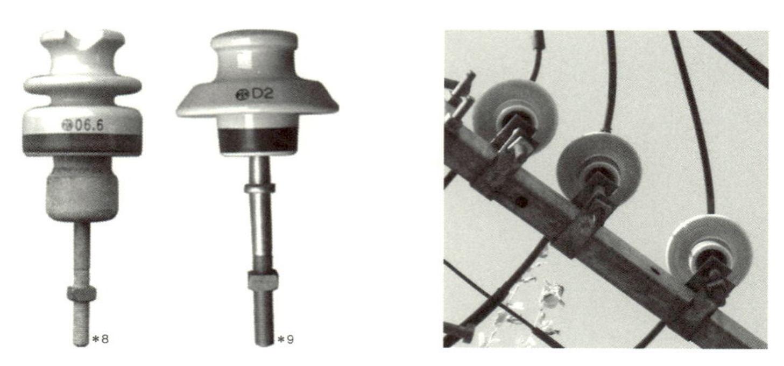


図2・8　高圧中実がいし・高圧ピンがいし

(3)　玉がいし

玉がいしは，支線の感電防止を目的に電柱の支線の中間に設置する磁器製の絶縁物である．高圧架空電線で地絡や断線が生じ支線接触した際に電流が流れても，終端を輪にした二本のワイヤーを使い，途中に碍子を挟むことで絶縁するため，地表近くの感電を防ぐことができる．

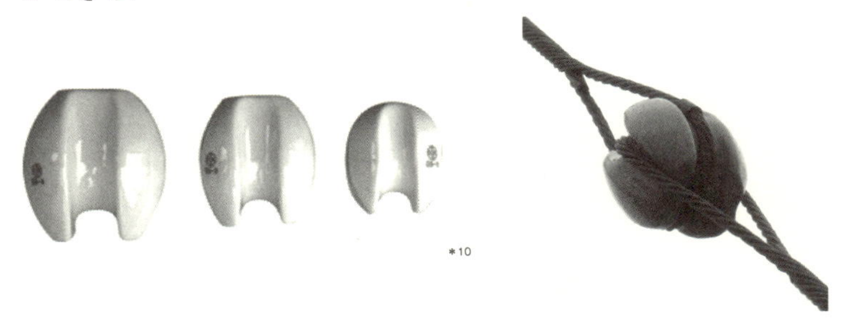


図2・9　玉がいし

(4)　クリート

クリートは，キュービクル内など屋内電路のKIPなどの高圧絶縁電線を固定するための器具である．材質はポリプロピレンなどの絶縁材料を用いる．図2・10の場合，ねじを緩めてクリート上部をずらして電線を挟込む．

図2・10　クリート

(5)　エポキシ樹脂がいし

エポキシ樹脂がいしは，キュービクル式高圧受電設備で高圧絶縁電線・銅棒・銅帯を固定するための器具である．強度が強く，省スペースという利点がある．

図2・11　エポキシ樹脂碍子

(6)　高圧屋内支持がいし

高圧屋内支持がいしは，開放形高圧受電設備のパイプフレームなどの鋼材に取付けて高圧絶縁電線・銅棒・銅帯を固定するための器具である．ドラムがいしとも呼ばれる．

図2・12　高圧屋内支持がいし

### (iii) ケーブルの終端接続処理

電線は，導体に電圧が印加されると周囲に電界が生じる．そのため，高圧ケーブルでは，内部の電界状態を均一にするために絶縁体上に遮へい層を施す．この遮へい層により，高圧ケーブル内部は電気力線と等電位線が均一な状態になっている（図2・13(b)）．

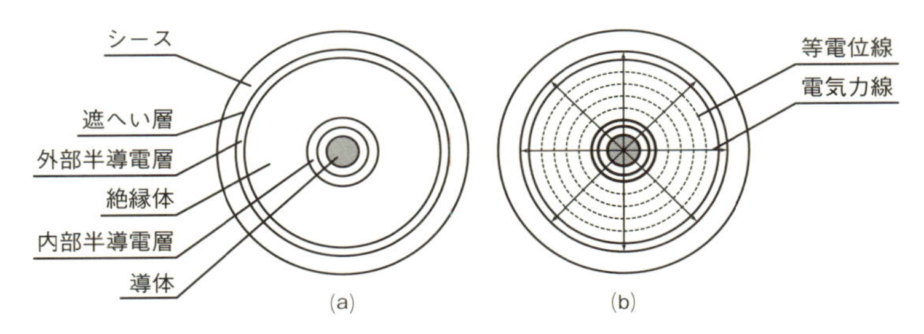


図2・13　高圧ケーブル内部の電界状態

ケーブルを接続する場合，導体を保護している絶縁体などをはぎ取って接続するため，遮へい層も同時に切断される．図2・14はケーブルをはぎ取った状態を側面から見た電界分布状況であるが，遮へい層を切断するとそれまで均一であった電気力線に乱れが生じて遮へい層切断部に集中してしまう．

この状況では絶縁体にストレスが加わり，絶縁破壊の原因となるので，遮へい層切断部に集中する電界を緩和するために，終端接続部では遮へい層切断部の近くにストレスリリーフコーンという円錐状の絶縁座を設け，遮へい層を同部位の頂上部まで伸ばすことにより等電位線の傾きを緩やかにし電気力線の集中を防ぐ（図2・15）．

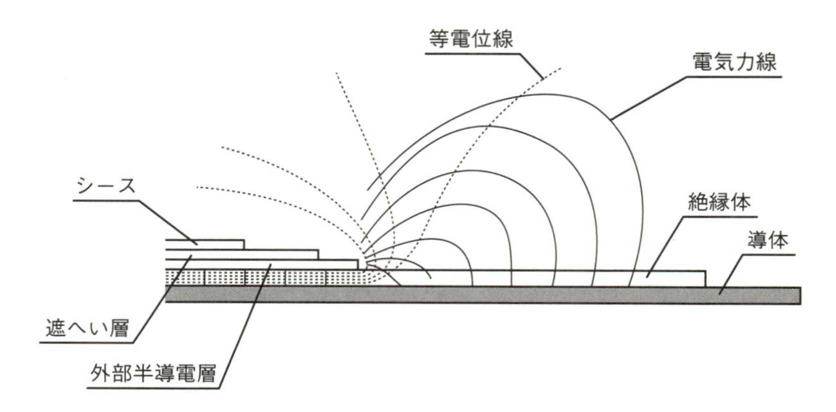


図2・14　遮へい層切断時の電界分布状況

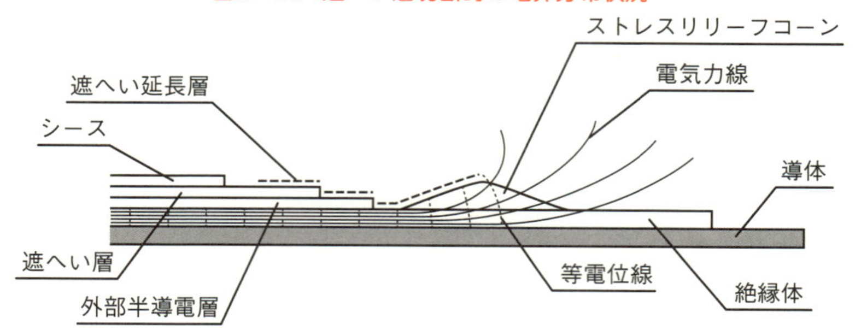


図2・15　ストレスリリーフコーンによる切断部の電界の緩和

(1)　ストレスリリーフコーン

ストレスリリーフコーンは，エチレンプロピレン（EPゴム）の一端に，外部導体層の切断部での電気的ストレスを緩和するため導電性EPゴムのストレスコーン部を一体成形したもので，「ストレスコーン」の略称で呼ばれる．

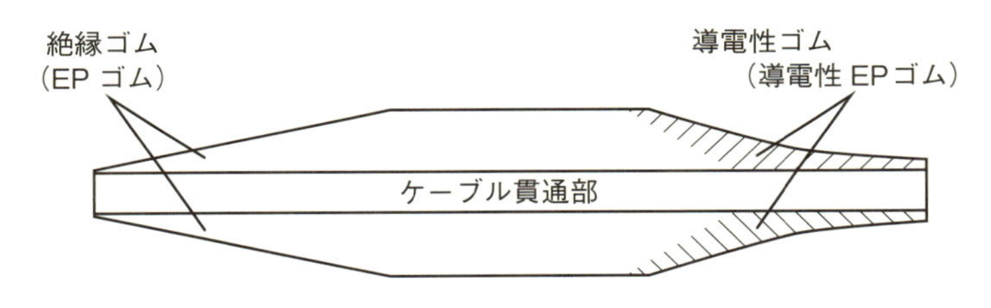


図2・16 屋内形ストレスリリーフコーンの断面

(2) 終端接続部

高圧ケーブルの終端接続部は，塩害による汚損区分と屋外・屋内の設置場所により表2.1のように分けられ，終端接続処理の方法が異なる．終端接続部の例として図2・17にゴムストレスコーン形屋外終端接続部を示す．

表2・1 汚損区分と設置場所ごとの終端接続部

<table>
<tr><th></th><th>超重汚損地区</th><th>重汚損地区</th><th>中汚損地区</th><th>一般・軽汚損地区</th><th>キュービクル内</th></tr>
<tr><td rowspan="2">屋外</td><td colspan="2" rowspan="2">耐塩害終端接続部</td><td colspan="2">ゴムとう管形屋外終端接続部</td><td rowspan="2"></td></tr>
<tr><td colspan="2">ゴムストレスコーン形屋外終端接続部</td></tr>
<tr><td rowspan="2">屋内</td><td colspan="3" rowspan="2"></td><td colspan="2">ゴムストレスコーン形屋内終端接続部</td></tr>
<tr><td></td><td>ゴムストレスコーン形キュービクル内終端接続部</td></tr>
</table>

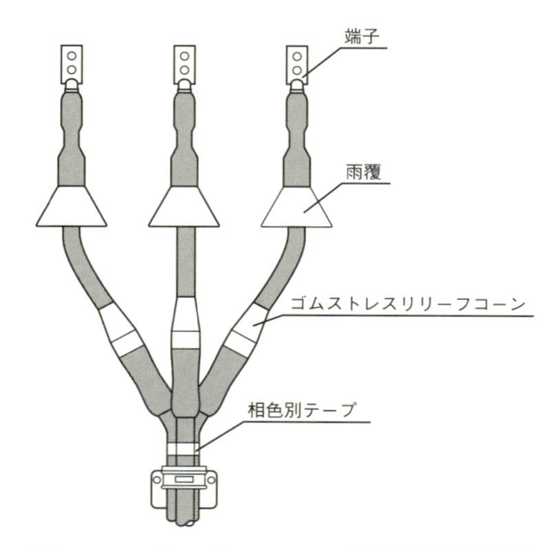


図2・17　ゴムストレスコーン形屋外終端接続部

(3)　ケーブルヘッド

ケーブルヘッドは，ストレスコーンを含む終端接続処理部を示すものである．アルファベット表記は「Cable Heads」であるので，文字記号は「CH」とされている．

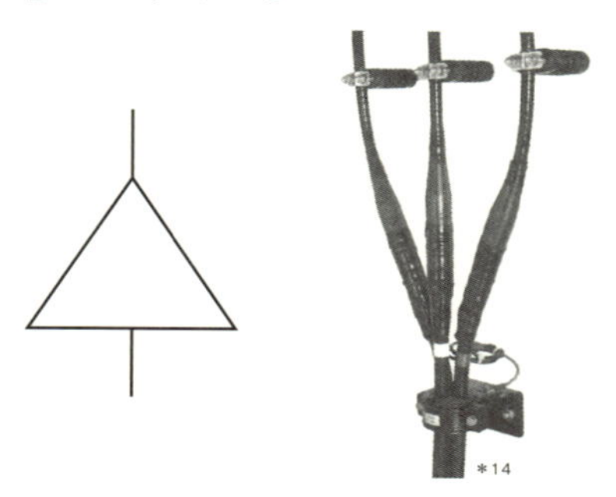


図2・18　ケーブルヘッドの図記号と外観

# 2.2 「変える」役割の機器

「変える」役割の機器には，電力需給用計器用変成器，計器用変圧器，計器用変流器，変圧器，直列リアクトル，高圧進相コンデンサなどが該当する．

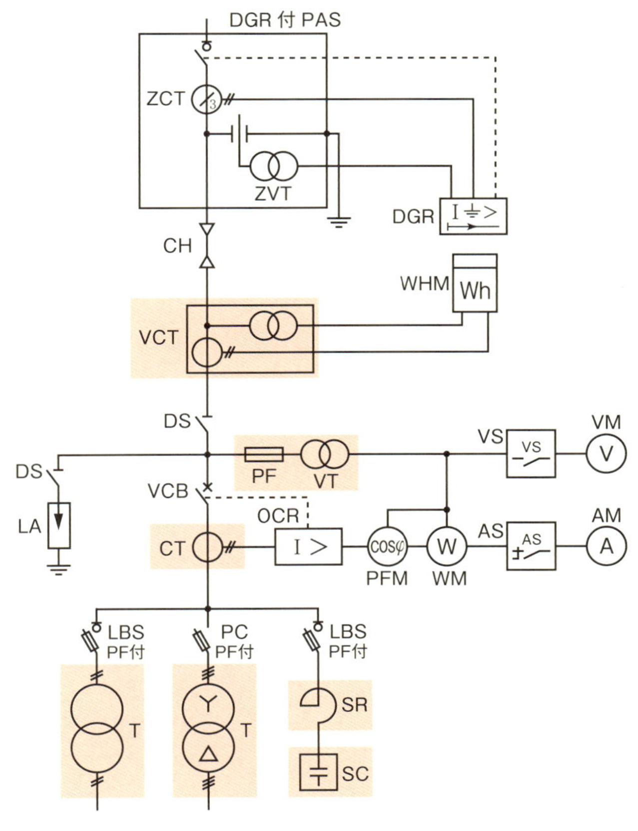


図2・19 「変える」役割の機器

電力需給用計器用変成器（VCT）や計器用変圧器（VT），計器用変流器（CT）は，高圧電圧や大電流を低圧電圧や小電流に変えることで計量や計測などが容易にできるようにし，変圧器（T）は二次側に接続される負荷に応じて，負荷に供給される電圧値を変える．また，系統電源の安全を向上させるために直列リアクトル（SR）で高調波の電圧ひずみやと突入電流を変え，高圧進相コンデンサ（SC）で力率を変える．

### (i) 電力需給用計器用変成器

電力需給用計器用変成器は，アルファベット表記で「Voltage and Current Transformer」であるので，文字記号は「VCT」とされている．電力需給用計器用変成器には高圧電路の電圧を低電圧に，高圧電路の電流を小電流に変える役割があり，電力料金算定のため，二次側に接続した電力量計に電力量を計量させることを目的とする．

電力需給用計器用変成器は電力会社が所有者となるが，その取り付け場所についてはキュービクル内や構内第一柱に施設するなど，電力会社により異なっている．

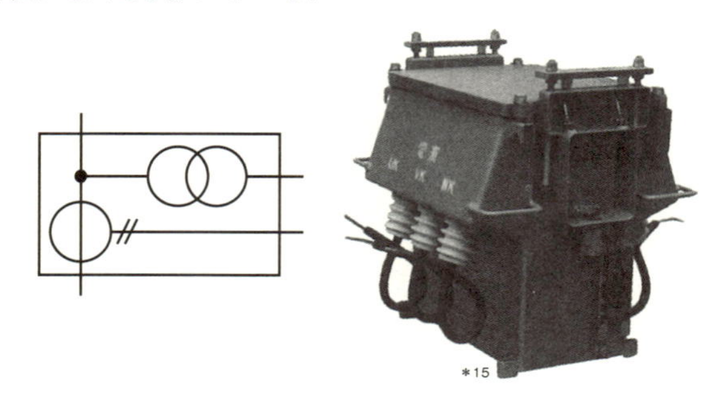


図2・20　VCTの図記号と外観

### (ii) 計器用変圧器

計器用変圧器は，アルファベット表記で「Voltage Transformer」であるので，文字記号は「VT」とされている．

VTは，高圧回路の電圧を継電器や電圧計などの計器が動作しやすい低電圧に変えることを目的とする．

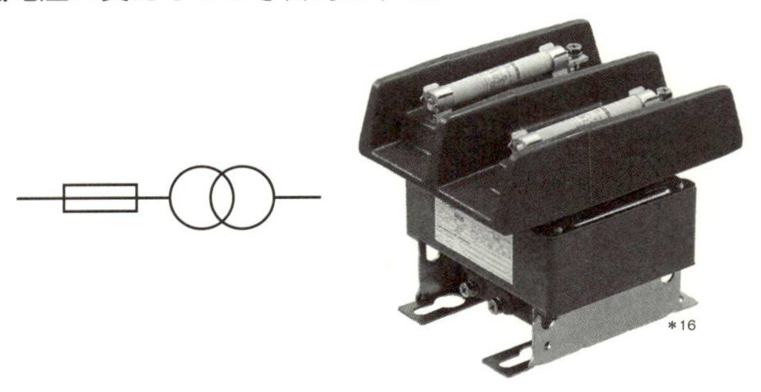


図2・21　VTの図記号と外観

図2・22にVTの構造を示す．高圧側である一次巻線$N_1$に一次電圧$V_1$が印加されると，電磁誘導作用により二次巻線$N_2$に二次電圧$V_2$が発生する．一次電圧と二次電圧の比を変圧比（VT比）とい

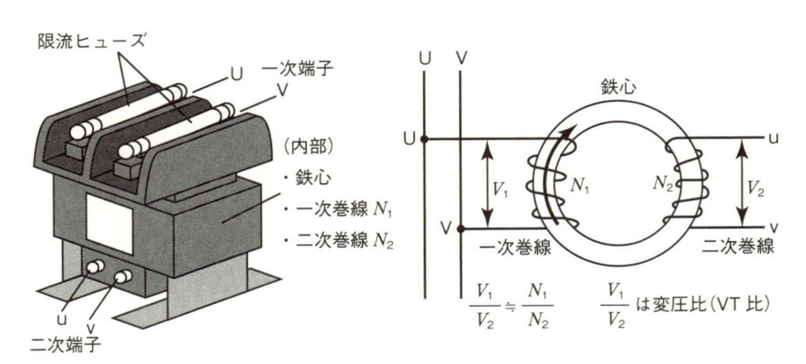


図2・22　VTの構造と一次・二次電圧

う．一般的には二次電圧（定格二次電圧）を110 Vとする．変圧器に比較すると，測定誤差を小さくするため巻線抵抗や磁束漏れは小さく，二次側に接続されるのが継電器や計器であるため，電流が小さくなり小容量である．

VTを主遮断装置の電源側に施設する場合は，充分な定格遮断容量を有する限流ヒューズ2本を使用する．また，VTの二次側回路にはD種接地工事を施す．

VTが短絡状態になると二次巻線に大電流が流れ，巻線の焼損や二次側に接続された機器の破損を招く．また，二次巻線が焼損することにより一次巻線の絶縁破壊に及ぶと，相間短絡に至り甚大な事故となるので，VTの二次端子を短絡させてはならない．

### (iii) 計器用変流器

計器用変流器は，アルファベット表記で「Current Transformer」であるので，文字記号は「CT」とされている．

CTは，高圧回路の負荷電流を継電器や電流計などの計器が動作しやすい小電流に変えることを目的とする．

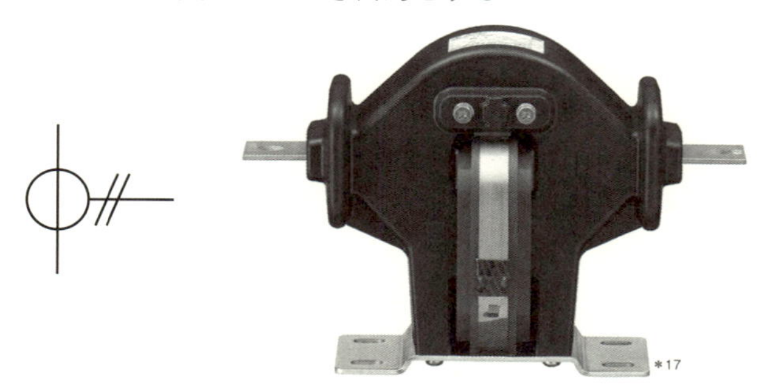


図2・23　CTの図記号と外観

図2・24にCTの構造を示す．CTは鉄心とコイルを用い，巻数

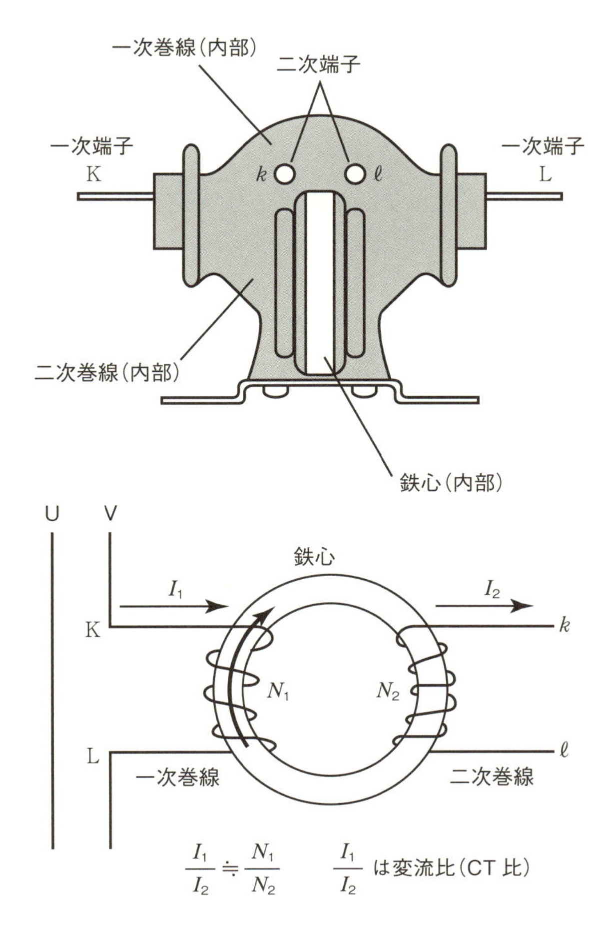


図2・24　CTの構造と一次・二次電圧

に応じた比率の電流値を二次側に発生させる．一般的には二次電流（定格二次電流）を5Aとする．また，この比率を変流比（CT比）といい，「変流比75/5」などと表現する．例えば変流器の受電設備側

（一次側）に40 Aの電流が流れている場合，二次側に流れる電流は40 [A] × 5/75 [A] = 2.67 [A]である．なお，CTの二次側回路にはD種接地工事を施す．

計器用変流器の大きな役割として異常電流値を検出し，速やかに遮断器を開放させる過電流継電器（OCR）などの保護継電器に電流を流すことが挙げられる．過電流継電器（OCR）は，短絡などの事故が発生した場合にあらかじめ設定した異常電流の値を動作値として，これを超えた場合に事故と認識してトリップコイルを動作させ，速やかに遮断器を開放させる．なお，受電設備の変圧器本体に内部短絡事故が発生した場合，短絡電流は数千[A]にもなる．

CTに計器類が接続された通電状態で二次側を開放することは厳禁である．この状態で二次側を開放すると計器に大電圧が印加され，機器が破損する．定格一次電流200 A，定格二次電流5 A，変流比40（200/5 = 40）で二次側に電流計のみ接続された場合を例にして解説する．

変流器二次側に接続されている計器類は電流計のみであり，抵抗値は電流計の内部抵抗のみでほぼゼロである．この電路では一次側に200 Aの電流が流れ，二次側の電流値は5 Aである．CTの二次側で抵抗値がどれだけ変化しても，二次側には常に5 Aの電流が流れ続ける．CTの二次側を開放すると，CT回路内には接続される機器はなくなり，空気層（抵抗値は∞・無限大）だけが存在することになる．そして，これらの電流値，抵抗値を$V = IR$の式に代入すると$V = 5 \times \infty$ [V]となる．無限大の抵抗値に電流が流れるということは，CTの鉄心が発生可能な電圧の許容を超過し，飽和して数千[V]までの電圧が変流器側に印加されることになり，計器類の絶縁破壊・破損あるいは人身事故などにつながる．

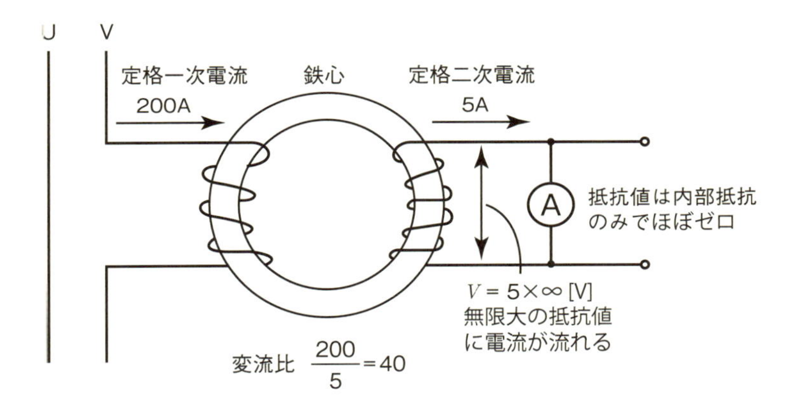


図2・25　二次側開放の例図

したがって，CTに計器類が接続された通電状態において，二次側の計器類の交換や試験を行う際は二次端子を短絡して作業を行い，作業終了後は短絡線を外すことを徹底しなければならない．

### (iv) 変圧器

変圧器は，アルファベット表記で「Transformer」であるので，文字記号は「T」とされている．

変圧器は電圧を変えるもので，単相変圧器及び三相変圧器がある．また絶縁方式により油入式，H種乾式，モールド式及びガス絶縁式がある．近年は環境面での配慮や設置スペースの狭小化対応のためモールド式が多くなっている．

図2・27は変圧器の原理を示すものである．変圧器内部の構造は鉄心に独立した二つの巻線を施したもので，電源側に結ばれる巻線を一次巻線，負荷側に結ばれる巻線を二次巻線という．

一次巻線（P）に交流電圧を加えると一次巻線に電流が流れ，この電流によって鉄心内に磁束が生じる．この磁束変化によって，二

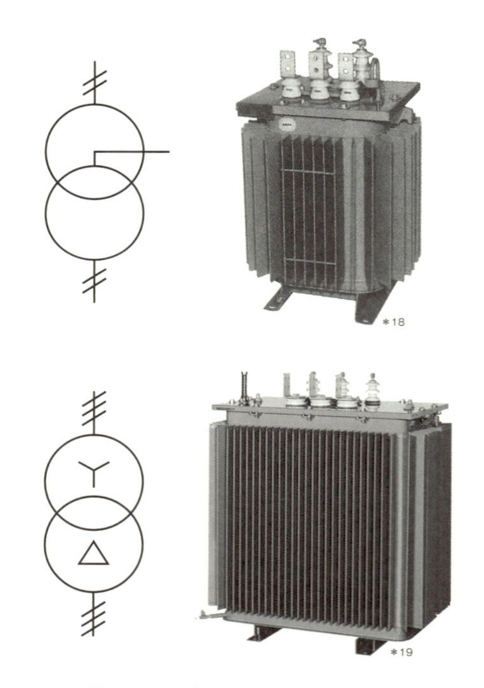


図２・26　変圧器の図記号と外観

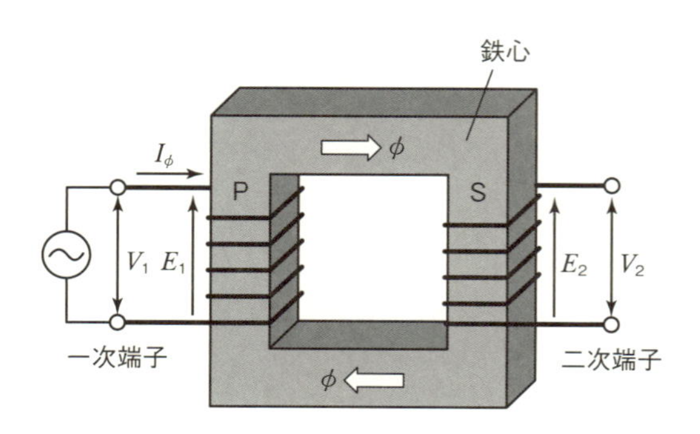


図２・27　変圧器の基本的原理

次巻線（S）に電圧が誘起される．これを相互電磁誘導作用という．

一次及び二次巻線の誘起電圧 $V_1$，$V_2$ は一次巻線の巻数 $N_1$，二次巻線の巻数 $N_2$ の比によって決まる．一次巻線に電圧を加えると，巻数に比例した電圧が二次巻線に誘起され，この $N_1$ と $N_2$ を適当に変えることにより，一次電圧と二次電圧の比を任意に変えることができる．この比を変圧比という．

変圧器はトップランナー制度の適用によりエネルギー消費効率が改善されている．トップランナー制度とは，エネルギー消費機器の省エネルギー化を図るため，市場に流通する同じ製品の中で，最も優れている製品の性能レベルを基準にして，どの製品もその基準以上をめざすものである．エネルギー消費効率は変圧器の損失の低減により改善される．

変圧器の損失は無負荷損と負荷損に分かれる．無負荷損は，電圧の印加により負荷の大小に係わらず変圧器の鉄心から発生する損失である．負荷損は電流が流れることにより主にコイルから発生する損失で，負荷電流の大きさの二乗に比例して発生する損失である．

無負荷損の低減は，結晶方位性を高めた高磁束密度方向性電磁鋼板，表面溝加工により磁区を細分化した磁区制御方向性電磁鋼板，アモルファス鉄心の採用により行われ，負荷損の低減は，巻線絶縁物の薄葉化，フィルムでのコイル導体の短縮による損失の低減，導体断面積の増加，巻線導体をアルミ線から導電率の良い銅線への変更などにより行われている．

変圧器の故障で一次電圧側の高圧と二次電圧側の低圧が接触することを「混触」と呼ぶ．この混触は，低圧の200 Vや100 Vの電路に高圧の6 600 Vが流れて，変圧器の焼損・感電・火災の恐れがあるため非常に危険である．したがって，二次側の低圧電路と一次側の高圧電路を接触させたとき，二次側の低圧側の電圧を上昇させないようにするためにB種接地工事を施す．なお，B種接地工事の抵抗値は，電力会社の送電線や配電用の電線距離，サイズにより変動する．

### (v) 直列リアクトル

直列リアクトルは，アルファベット表記で「Series Reactor」であるので，文字記号は「SR」とされている．

SRは，電力系統に存在する高調波の流入による電圧波形のひずみとコンデンサ回路投入時の突入電流を変えるものである．多数のケイ素鋼板を密着させた2種類のコアの間にエアギャップを設けるための絶縁紙を挿入した構造である．

図2・28　SRの図記号と外観

コンデンサとコイルを含む回路には共振状態というものが存在する（並列共振作用）．共振状態とは回路の合成インピーダンスの複素成分がゼロになる現象をいう．高圧進相コンデンサが接続された系統に高調波が発生すると，電源側の誘導性リアクタンスが高圧進相コンデンサに対して並列に接続されるため，並列共振作用により電源側への高調波流出電流が増加する．これを防ぐため，直列リアクトルを高圧進相コンデンサの回路に対して高圧側に直列に接続することにより，高調波の増加を防止している.

また，電源側に高圧進相コンデンサを投入すると，定格電流の数十倍もの大きな突入電流が流れる．この突入電流により同一系統の変流器（CT）の二次側に異常電圧が発生し，短絡事故や火災を誘発したり，電圧継電器の誤動作などが生じるため，直列リアクトルを接続する．これにより突入電流を高圧進相コンデンサの定格電流の約5倍程度に抑制できる．なお，直列リアクトルのインピーダンスは，高圧進相コンデンサの6％または13％の値が用いられる.

### (vi) 高圧進相コンデンサ

高圧進相コンデンサは，アルファベット表記で「Static Capacitor」であるので，文字記号は「SC」とされている.

進相コンデンサ（SC）は主に力率を変えるものである.

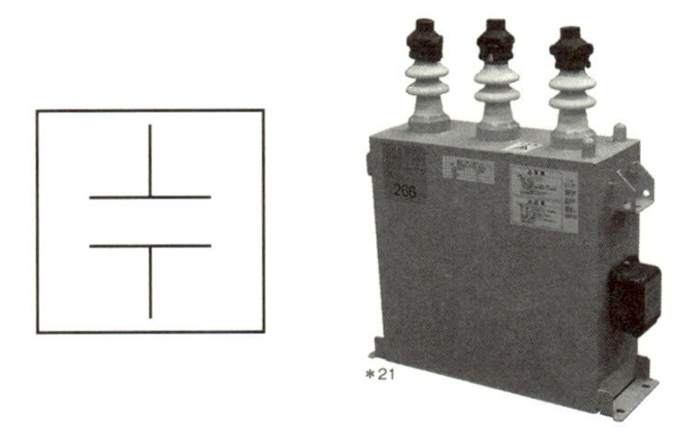


図2・29　SCの図記号と外観

交流電力には有効電力と無効電力とがあり，無効電力の割合が大きいと力率が悪化する．無効電力は，例えばモータが磁界を作るために必要な電力であり電気的に誘導性である．これにベクトルの大きさと方向が反対の性質を持つ，容量性のコンデンサを接続することにより打ち消し，無効電力を小さくする．その結果，無効電力の割合が小さくなり，力率は良化される．この対策を力率の改善という．

SCは，金属はく又は蒸着金属を用いた電極部分とこれらを絶縁する誘電体によって構成されたコンデンサ素子を集合し，Yまたは△結線に接続して金属製の収納箱に収め，さらに絶縁油を含侵して密封した構造になっている．また，進相コンデンサが回路から切り離されたとき，コンデンサの残留電荷を速やかに放電し，安全を確保するために放電抵抗または放電コイルが附属する．

負荷の変動が大きい場合は，自動的に力率を調整する自動力率調整器を設置する．

## 2.3「断つ」役割の機器

「断つ」役割の機器には，地絡継電装置付高圧交流負荷開閉器，断路器，真空遮断器，高圧交流負荷開閉器，高圧カットアウト，避雷器などが該当する．

地絡や短絡の事故を最小限度の範囲に留めるため，機器ごとに守備範囲と目的が分かれている．地絡継電装置付高圧交流負荷開閉器（GR付PAS）は電力会社との保安上の責任分界点に設置し，地絡電流を断つことで電力波及事故を防止する．断路器（DS）は停電作業などの点検を行う際に，開閉器の誤動作などによる電源供給を断ち，感電災害を防止する．真空遮断器（VCB）は保護継電器との組み合わせで過負荷電流，短絡電流，地絡電流を断つ．高圧交流負荷開閉器（LBS）はPF・S型の主遮断装置として，また変圧器や高圧進相コンデンサに設置して過負荷電流，短絡電流を断つ．高圧カットアウト（PC）は300kVA以下の変圧器や50kvar以下の高圧進相コンデンサの過負荷電流，短絡電流を断つ．避雷器（LA）は雷サージや開閉サージの過電圧を断つ．なお，サージとは一時的な異常電圧を言い，落雷による空間電磁界の変化や遮断器等の開閉操作により発生する．

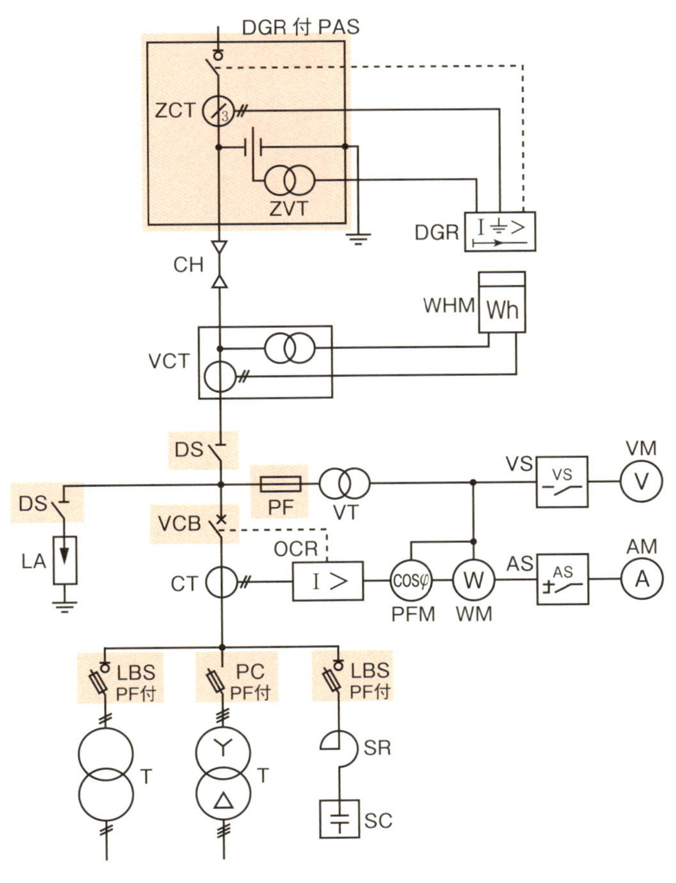


図2・30 「断つ」役割の機器

### (i) 地絡継電装置付高圧交流負荷開閉器

地絡継電装置付高圧交流負荷開閉器は，アルファベット表記で「Ground Relay付Pole Air Switch」であるので，文字記号は「GR付PAS」とされている．負荷開閉器（(a)の図記号）と零相変流器（(b)の図記号）を組み合わせた図記号が用いられる．

図2・31　GR付PASの図記号と外観

GR付PASは電力会社との保安上の責任分界点に設置し，高圧負荷開閉器の負荷側で生じた地絡電流を断ち，配電線に事故の波及を防止することを目的とする．

電力会社との保安上の責任分界点に設置する開閉器を区分開閉器といい，区分開閉器に高圧交流負荷開閉器を用いることは高圧受電設備規程に定められている．区分開閉器にはGR付PASや地中線用負荷開閉器（UGS：Underground Gas Switch）などがあり，地中引込方式用として高圧キャビネット内に収納するものもある．

区分開閉器には地絡遮断装置を施設すること，過電流蓄勢トリップ付地絡トリップ型（SOG：Storage Over Current Ground）であることが要求される．区分開閉器に施設する地絡遮断装置には，無方向性の地絡継電器（GR）または方向性の地絡方向継電器（DGR）のいずれかを選定する．本稿の配線図ではDGR付PASを記載している．なお，この無方向性，方向性とは地絡電流の区分である．また，過電流蓄勢トリップ付地絡トリップ型（SOG）とは，「蓄勢と過電流」によるSO（Strage Over Current）動作と「地絡電流」によるGR（Ground Relay）動作を行うものである．

PASやUGSは短絡電流のような大きな電流は遮断することができないため，同機器に遮断可能値を超える値の電流が流れた場合，リレーを動作させて開閉器をロックするが，このとき遮断動作はしないため，配電用変電所の遮断器が動作することになる．配電用変電所の遮断器の動作で停電を確認し，無電圧になった状態を確認して，PASやUGSが自動的に「開」の動作で回路から開放を行う．この動作をSO動作という．これにより配電用変電所の遮断器が再投入された場合でも，PASやUGSが開放されているため，波及事故に至らない（配電線の再閉路成功となる.）．

GR付PASには，制御電源と避雷器がそれぞれ外部形か内部形で4種類に分かれる．内部形の場合は「VT」，「LA」のように内蔵する機器を外箱に表記している．

### (ii) 断路器

断路器は，アルファベット表記で「Disconnect Switch」であるので，文字記号は「DS」とされている．

DSは停電作業などの点検を行う際に開閉器の誤動作などによる電源供給を断ち感電事故を防止することを目的とし，同時に開閉する電路の数により，単極・2極・3極に分かれる．垂直に取り付ける場合は，横向けの取付けは禁止で，接触子（刃受け）を上部に取り付けて，開閉が確実になることを推奨している．

DSは，停電時の無負荷状態で電路を開閉するものである．他の電路を遮断するための機器とは異なり，電流を遮断する能力はな

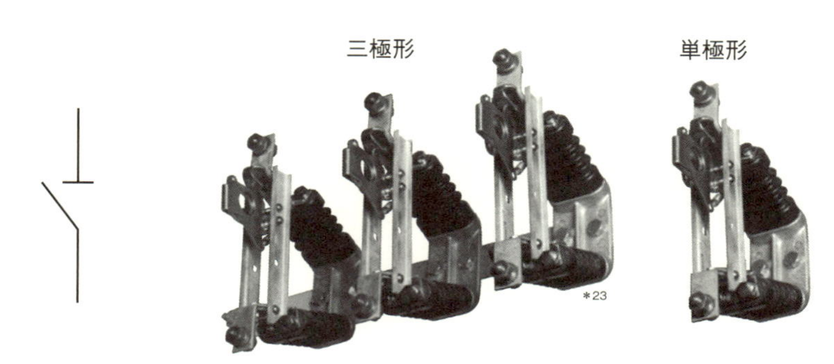


図2・32　DSの図記号と外観

い．したがって，もし負荷電流を開路するとアークにより人体に重大な危害を与えるため，絶対に行ってはいけない．高圧受電設備規程では，負荷電流が通じているときには開路できないように施設し，開路状態においては自然に閉路するおそれがないように施設することを義務付けている．そのため遮断器が投入されているとき，開路できないようにインターロック回路を設け，負荷電流の有無を表示する装置を設けて誤操作を防ぐ対策を講じるものもある．このインターロック回路とは，2つの入力信号のうち，先に動作したほうを優先し，他方の動作を禁止する回路のことをいい，断路器においては負荷電流が通じている際に，手動で遮断しようとしても動作が禁止され操作できない回路となる．

### (iii) 避雷器

避雷器は，アルファベット表記で「Lightning Arrester」であるので，文字記号は「LA」とされている．

雷サージ（誘導雷），開閉サージなどの過電圧を受電設備機器の絶縁破壊強度の保護レベルまで断つことで，機器の破損防止を目的とする．

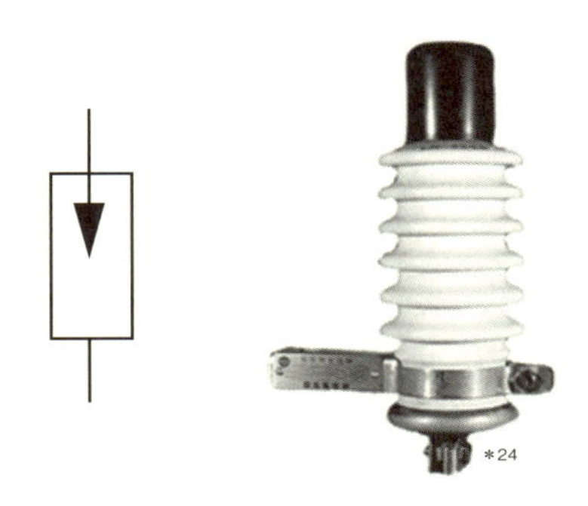

図2・33　LAの図記号と外観

避雷器の定格電圧は8.4 kVであり，公称放電電流は2 500 A又は5 000 Aとする．高圧架空電線路から供給を受ける受電電力の容量が500 kW以上の需要場所の引込口又はこれに近接する箇所にはLAを施設することになっているが，500 kW未満の場合にあっても雷害のおそれがある場合には施設するのが望ましい．また，電気設備技術基準では，他の接地極から1 m以上離したうえで，14 $mm^2$以上の電線を使用して10 Ω以下のA種接地工事を施すことが規定されている．そして，保安上必要な場合に電路から切り離せるよう断路器（DS）を施設することを推奨している．

高圧受電設備の機器は基準衝撃絶縁強度（BIL：Basic Insulation Level）を持つが，雷サージや開閉サージなどの過電圧はこの絶縁強度を超過するため，絶縁破壊により機器が損傷して事故が発生する．LAは3相にそれぞれ施設し，過電圧を大地に放電して，印加された過電圧を抑制するとともに，系統電源より引き続き流れる商用電源による続流を制限する．

LAには弁抵抗形，Pバルブ形・酸化亜鉛形などの種類があるが，近年は特性要素として酸化亜鉛素子（ZnO素子）を用いることで，放電の際に大電流を通過させ端子間電圧を抑制する性能が高くなり，耐汚損性と保守性が向上している．

### (iv) 遮断器

遮断器は，アルファベット表記で「Circuit Breaker」であるので，文字記号は「CB」とされている．

CBは負荷電流の開閉と保護継電器との組み合わせで過負荷電流，短絡電流，地絡電流を検知して事故電流を断つものである．

図2・34　CBの図記号と外観

高圧受電設備の電流を強制的に切り離すと，アークが発生して光と熱を伴いながら電流を流し続けようとする．温度は10 000 °Cを超えるため，素早く冷却しアークを消す（消弧）ことが遮断の仕組みである．

CBは消弧媒質を封入した箱体に可動電極と固定電極を収め，手動ばね方式や電動ばね方式の開閉操作機構により開閉する構造であり，電路の開閉を高圧真空中で行う高圧真空遮断器（VCB），不活性ガス中で行うガス遮断器（GCB）などがある．また，CBの開放機構を作動させ，負荷電流を遮断するための電極開放動作を引外し操作といい，この種類として電圧引外し，コンデンサ引外し，過電流引外し（瞬時励磁方式・常時励磁方式），不足電圧引外しの各操作がある．

電動ばね方式の高圧真空遮断器（VCB）の動作原理を図2·35に示す．投入と遮断は，投入コイルなどの開閉操作機構の電気回路により可動接触子を開閉する動作によるものである．通常の受電時は閉路状態になっていて，開閉操作機構の永久磁石による磁束により閉路状態を保持している．このとき，ベローズ（遮断ばね）は速やかな遮断動作ができるように，ばねを縮めて力を蓄えている．この状態を蓄勢という．そして，過電流など継電器からの動作信号があると，開閉操作機構の引外しコイルが励磁されて永久磁石による保持を解き，同時に蓄勢されたベローズ（遮断ばね）が駆動して可動接触子が開路する．このとき継電器から信号を受け動作する引外しコイルをトリップコイルという．また可動接触子が開路してベローズ（遮断ばね）に力が蓄えられていない状態を放勢という．

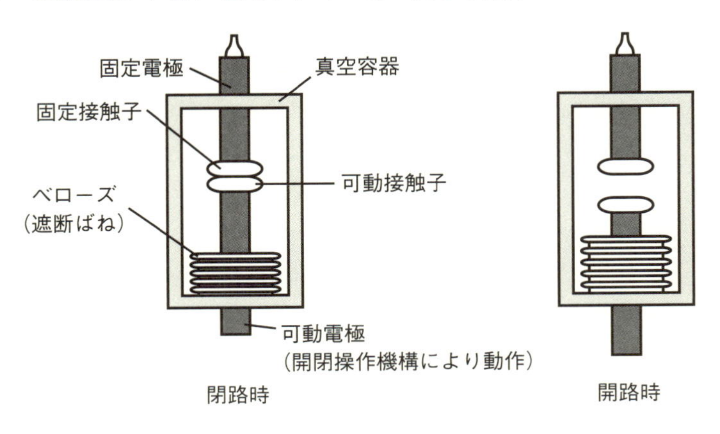


図2・35　VCBの動作原理

### (v) 高圧交流負荷開閉器

高圧交流負荷開閉器は，アルファベット表記で「Load Break Switch」であるので，文字記号は「LBS」とされている．

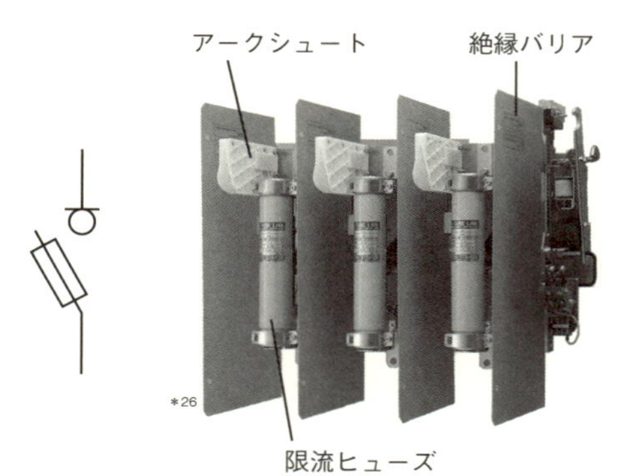


図2・36　LBSの図記号と外観（絶縁バリアと限流ヒューズ付き）

LBSは電路の短絡電流や過電流を断つもので，アークシュート（消弧装置）を取り付けて，負荷電流及び変圧器の励磁電流の開閉と，ヒューズによる短絡保護を行う．また，使用する場所により絶縁バリアを取り付ける．

LBSには高圧交流負荷開閉器，引外し形高圧交流負荷開閉器，限流ヒューズ付き高圧交流負荷開閉器があり，屋内の高圧受電設備では限流ヒューズ付き高圧交流負荷開閉器が用いられる．これは，高圧限流ヒューズと高圧交流負荷開閉器を組み合わせたものであり，高圧限流ヒューズにより，電路で発生した短絡電流や過負荷電流を遮断する．6 600 V用に使用する高圧限流ヒューズは定格電圧7 200 V，定格遮断電流は最低にもので12.5 kAである．また，ヒューズはその溶断特性に応じて，一般用（G形），変圧器用（T形），電動機用（M形），コンデンサ用（C形）の4種類に分かれている．

限流ヒューズ付き高圧交流負荷開閉器をPF·S形の主遮断装置に使用する場合，ヒューズは一般用（G形）を適用し，ストライカ引外し方式と，小動物侵入による短絡事故防止のために相間及び側面に絶縁バリヤの取付けが必要である．ストライカ引外し方式とは，

短絡事故などでヒューズが溶断したとき，ヒューズの下部にあるストライカ（動作表示装置）が飛び出す力を利用して負荷開閉器のリンク機構を動作させ，機械的に開放する方式をいう．

図2・37　LBSのストライカ

### (vi) 高圧カットアウト

高圧カットアウトは，アルファベット表記で「Primary Cutout Switch」であるので，文字記号は「PC」とされている．

PCは300 kVA以下の変圧器や50 kvar以下の高圧進相コンデンサなどの一次側に設置して，過負荷電流や短絡電流を断つものである．また素通し線を用いることにより，避雷器（LA）の一次側断路器として利用することができる．形状より箱形と円筒形の種類がある．受電設備で多く使用される箱形高圧カットアウトの場合，本体は高圧磁器で形成され，操作棒により開閉可能なふたの内側には

ヒューズ筒を組み込んだ構造になっている．PCのヒューズには，速動形，遅動形，複合形，再閉路形などがあり，ヒューズが溶断した際は外部から明確に判断できるようになっている．

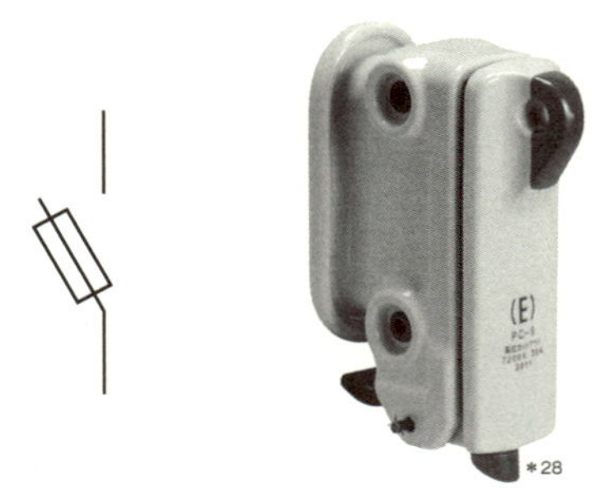


図2・38　PCの図記号と箱形の外観

## 2.4 「見える」役割の機器

「見える」役割の機器は，状況や値などを目視で確認できる状態にするものであり，過負荷や地絡など事故の発生や状況を検出する保護継電器と電圧や電流などの大きさを測定する計器に大別される．

保護継電器は，電流や電圧などの急激な変化から電気回路を保護するもので，地絡継電器，地絡方向継電器，過電流継電器，不足電圧継電器などがある．計器には，電流計，電圧計，力率計，電力計，電力量計などがある．また，電流計には，計測する相を切り換える電流計切換スイッチが接続され，電圧計には計測する相間を切り換える電圧計切換スイッチが接続される．

### (i) 保護継電器

(1)　地絡継電器

地絡継電器は，アルファベット表記で「Ground Relay」である

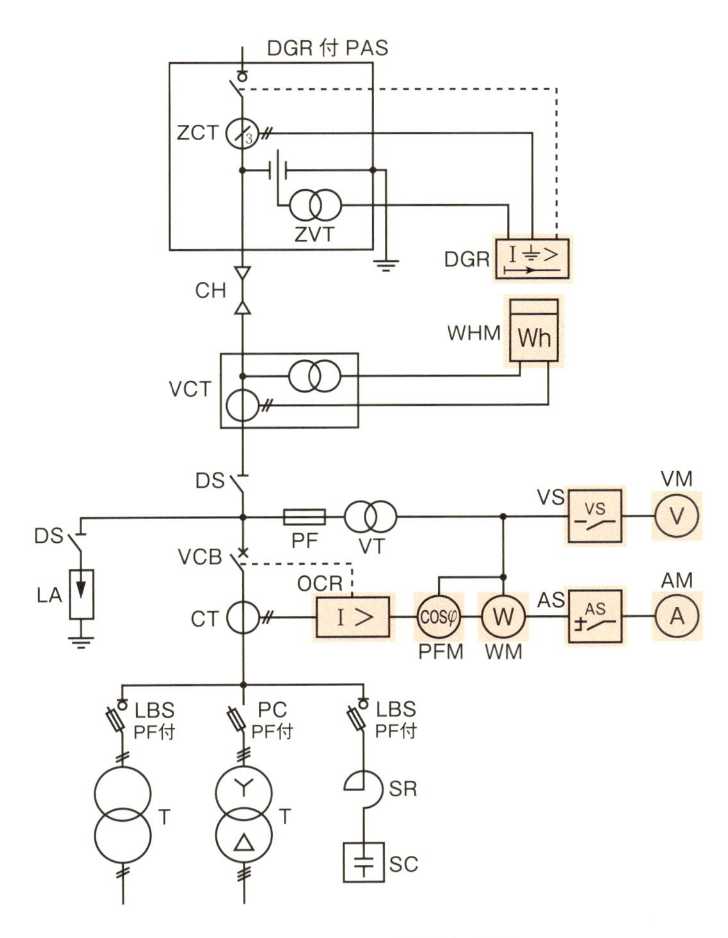


図2・39 「見える」役割の機器

ので，文字記号は「GR」とされている．

零相変流器（ZCT）と組み合わせ，検出した地絡電流の大きさが見えること，事故と判断した場合に地絡継電装置付高圧交流負荷開閉器（GR付PAS）や遮断器（CB）に信号を送り，事故電流を遮断することで配電用変電所への波及を未然に防ぐことを目的とする．

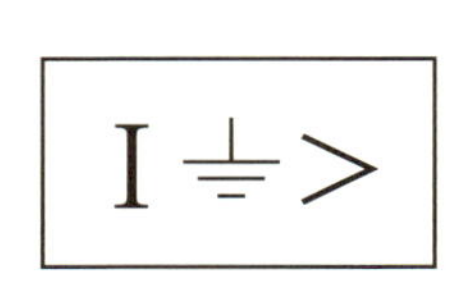

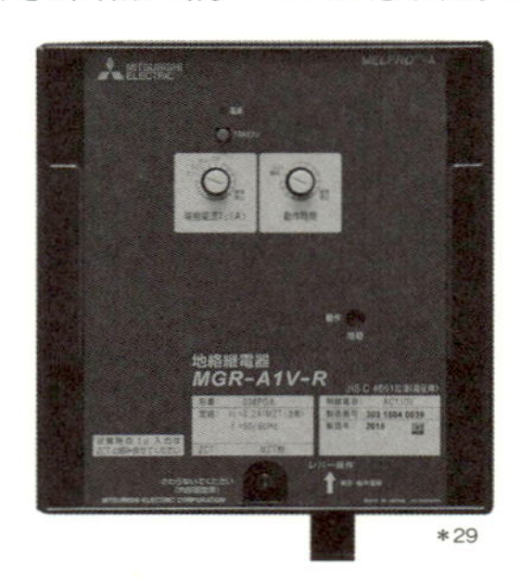


＊29

図2・40　GRの図記号と外観

事故がない健全な状態で回路に流れる電流の大きさは，単相でも三相でも各相電流の総和（ベクトル和）はゼロであるが，地絡事故の場合は大地を帰路とする電流（漏洩電流）が発生する．この電流により，零相変流器（ZCT）に磁束が誘起して二次側に流れる電流を検出し，設定値以上に大きい場合は事故電流と判断し継電器を動作させる．

一般的には地絡継電器（GR）が多く使用されているが，地絡電流の発生が自己回線か他回線かの方向を判別できない無方向性であるため，設備内ケーブル長が長く対地静電容量が大きいと，他回線事故による誤動作（不必要動作）が発生する．この防止対策として，地絡電流の方向を判断し，自己回線の事故を検知して遮断するための地絡方向継電器（DGR）が使われる場合が多くなっている．

(2)　地絡方向継電器

地絡方向継電器は，アルファベット表記で「Directional Ground Relay」であるので，文字記号は「DGR」とされている．

零相変流器（ZCT）と零相電圧検出装置（ZPD）と組み合わせ，検出した地絡電流の大きさと方向（両者の位相の関係）が見えること，事故と判断した場合に地絡継電装置付高圧交流負荷開閉器（GR付PAS）や遮断器（CB）に信号を送り，事故電流を遮断することで配電用変電所への波及を未然に防ぐことを目的とする．

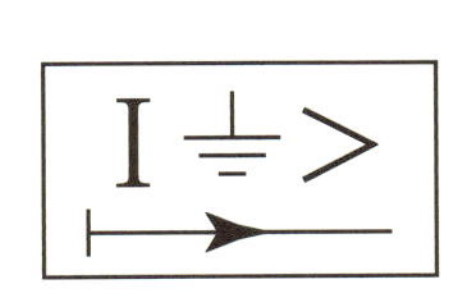

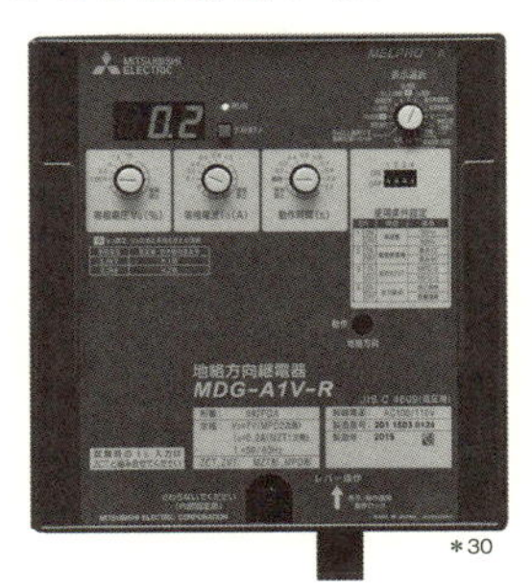


＊30

図2・41　DGRの図記号と外観

地絡事故が発生すると，零相変流器（ZCT）で検出する零相電流 $I_0$ と零相電圧検出装置（ZPD）に発生する零相電圧の方向（位相）は，自己回線では事故電流が電源側から負荷側に向かって流れる．他回線では，事故電流が負荷側から電源側に向かって流れるため事故の発生した回線のみを判別して遮断することができる．

(3)　過電流継電器

過電流継電器は，アルファベット表記で「Over Current Relay」であるので，文字記号は「OCR」とされている．

変流器（CT）と組み合わせ，検出した短絡や過負荷の電流の大きさが見えること，この事故の検出により継電器を動作させ遮断器（CB）に信号を送り，事故電流を遮断したことが見えることを目的とする．

I ＞

デジタル型

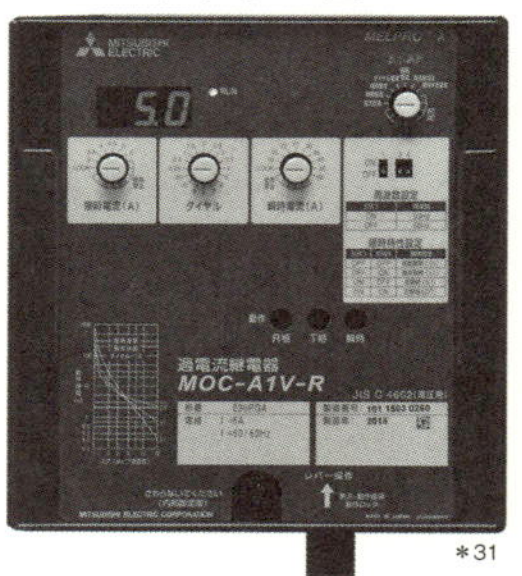


＊31

誘導円板型

図2・42　OCRの図記号と外観

OCRには瞬時要素と限時要素の2つの動作要素があり，継電器本体では動作表示器よってどちらの要素が働いたかを判別できるようにしている．瞬時要素とは整定値以上の電流が流れると接点を閉じて遮断器に信号を送るものである．瞬時要素は契約最大電力の500～1 500 %の電流を検出して動作する．瞬時要素は電流の大きさに関わりなく一定時間（短絡電流に対する動作時間は50 ms以下）で動作する特性を有し，これを定限時特性という．限時要素とは整定値以上の電流が流れると，ある一定の時間を経過して接点を閉じて遮断器に信号を送るものである．限時要素は，電流の大きさに従って早い時間で動作する特性を有し，これを反限時特性という．

⑷　不足電圧継電器

不足電圧継電器は，アルファベット表記で「Under Voltage Relay」であるので，文字記号は「UVR」とされている．

UVRは配電線の短絡故障や停電など電源電圧の不足（設定した電圧の低下）が見えること，電圧が設定値以下になったとき継電器を動作させることを目的とする．

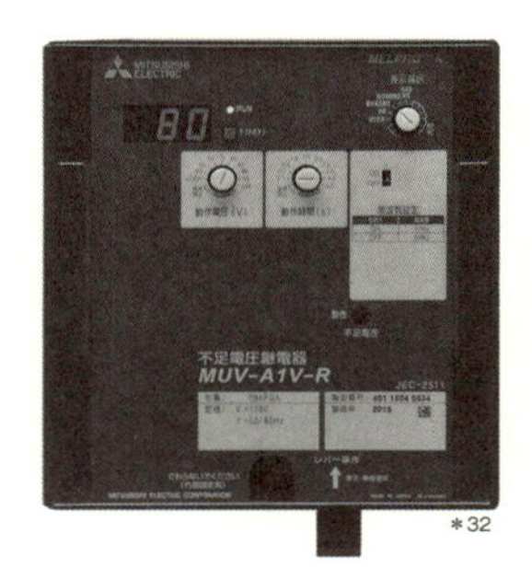


図2・43　UVRの図記号と外観

(5)　過電圧継電器（OVR）

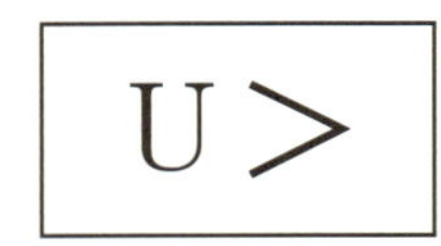


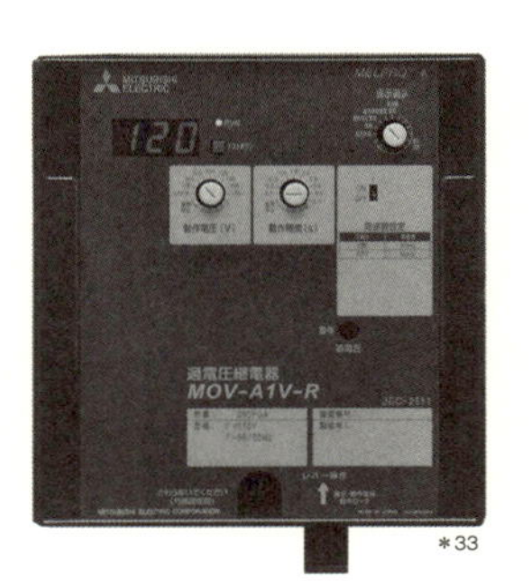


図2・44　OVRの図記号と外観

過電圧継電器は，アルファベット表記で「Over Voltage Relay」であるので，文字記号は「OVR」とされている．

電圧が設定値を超えたとき，接点動作を行い，警報あるいは，遮断器の引きはずしなどの動作を行う．

(6)　その他の継電器

その他の主な継電器については表2・2に示す．

表2・2　主な保護継電器の名称と図記号

| 名　称 | 文字記号 | 図記号 |
|---|---|---|
| 地絡過電圧継電器 | OVGR | U⏚ > |
| 短絡方向継電器 | DSR | I > ⟼ |
| 逆電力継電器 | RPR | P ← |
| 比率作動継電器 | PDFR | Id/I > |
| 不足周波数継電器 | UFR | f < |
| 過周波数継電器 | OFR | f > |
| 漏電継電器 | ELR | EL |
| 過負荷・欠相継電器 | 2ER | 2E |
| 過負荷・欠相・反相継電器 | 3ER | 3E |
| 電圧継電器 | VR | U |

### (ii) 計器類

(1) 電力量計

電力量計は，アルファベット表記で「Watt-hour Meters」であるので，文字記号は「WHM」とされている．文字記号は「WHM」であるが，図記号では電力量の単位を表す「Wh」となる．

WHMは有効電力の量が見えることを目的とする．

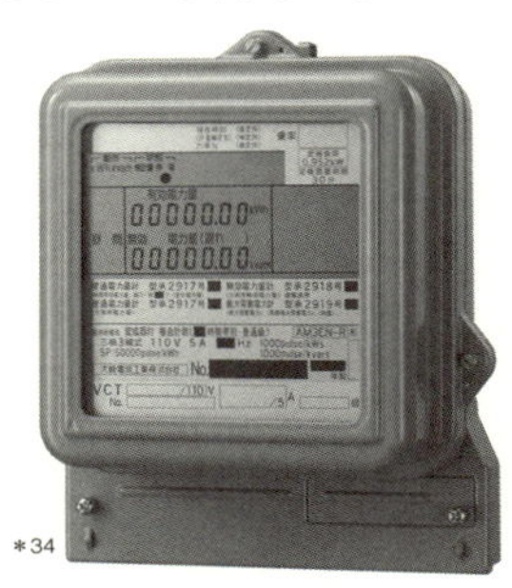

＊34

図2・45 WHMの図記号と外観

高圧受電設備では，WHMと電力需給用計器用変成器（VCT）とを組み合わせて，需要家全体の使用電力量を計測する．単位は「Wh（ワットアワー，ワット時）」であり，1秒間の電力（W）を連続計測し，1時間に要した電力（W）を電力量（Wh）として計測する．計器用変圧器（PT）より電圧を，計器用変流器（CT）より電流を取り込む．電力量計には無効電力の量を計量する無効電力量計もある．計量機構の種類は誘導型電力量計と電子式電力量計に分かれる．

図2・45に誘導型計器の電力量計の構造を示す．アルミ製回転円板を挟む電圧コイルの磁心と電流コイルの磁心ならびに制動磁石からなる．電圧と電流コイルにそれぞれ発生する磁束により，磁極間に回転磁界が発生し，回転円盤が回転する．この時の回転数は電

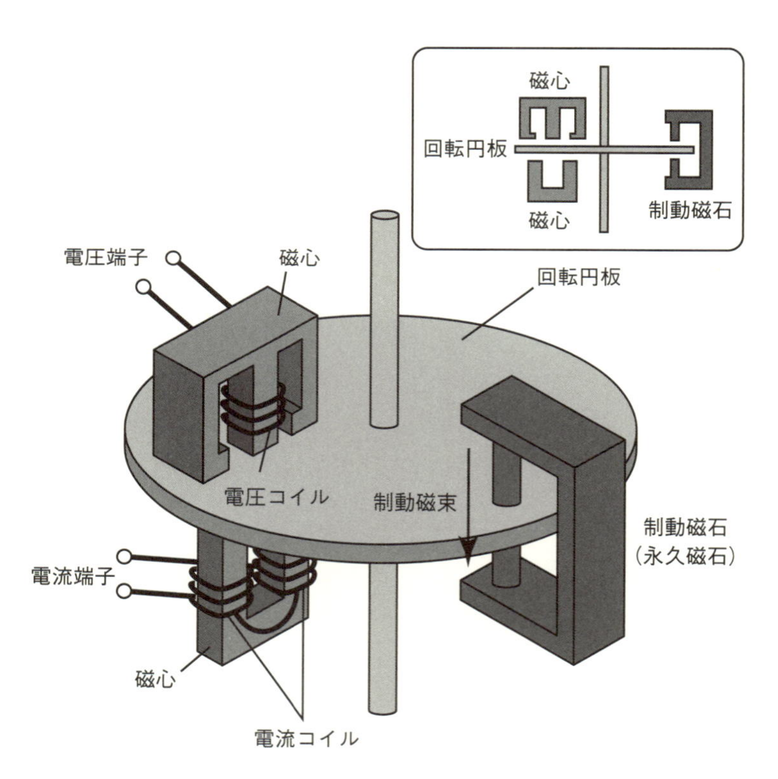


図2・46　誘導型計器の電力量計の構造

圧，電流，力率の積である有効電力に比例するため，計量装置に伝搬させて電力量として数値化される．

(2)　電圧計切換スイッチ

電圧計切換スイッチは，アルファベット表記で「Voltmeter Change-over Switches」であるので，文字記号は「VS」とされている．

VSは，電圧計の各相間（R-S，S-T，T-R）を切り換えて印加された電圧が見えることを目的とする．断・R-S・S-T・T-Rの接点を，操作ハンドルよるカムの回転で開閉をおこなう構造になっている.矢印を観測する相間の表示に合わせることで計測ができる.

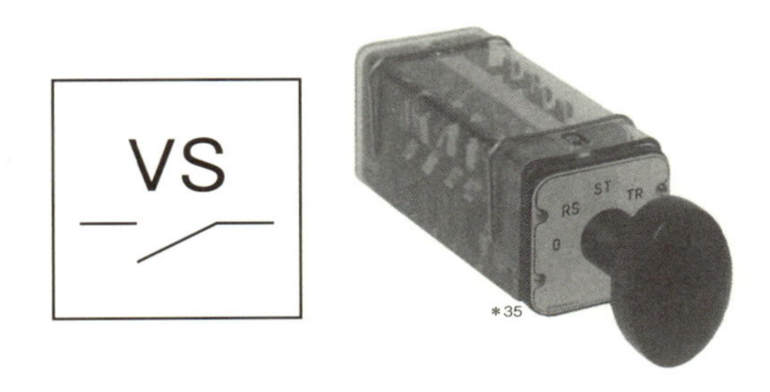


図2・47　VSの図記号と外観

(3)　電圧計

電圧計は,アルファベット表記で「Voltmeter」であるので,文字記号は「VM」とされている.文字盤は「kV」,「V」と表示し,単位は「ボルト」である.

電圧計は,計器用変圧器(VT),電圧計切換スイッチ(VS)と組み合わせて,電圧が見えることを目的とする.

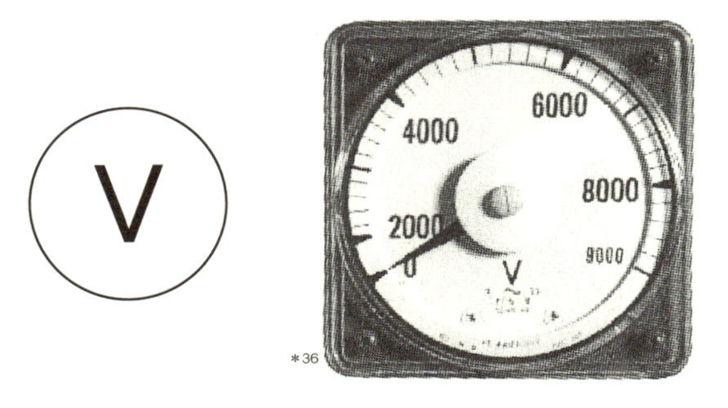


図2・48　VMの図記号と外観

動作原理の違いより，可動鉄片形，整流器形，熱電形の種類に分かれる．可動鉄片形は固定コイルと鉄片に生じる磁気誘導作用を利用し計測する．整流器形は整流素子で交流を直流に整流して直流計測用である可動コイル形計器で計測する．熱電形は熱線に流れた電流より生じる熱を熱起電力に変換し可動コイル型計器で計測する．

(4) 電流計切換スイッチ

電流計切換スイッチは，アルファベット表記で「Ammeter Change-over Switches」であるので，文字記号は「AS」とされている．

ASは，各相（R，S，T）を切り替えて流入する電流が見えることを目的とする．断・R・S・Tの接点を，操作ハンドルよるカムの回転で開閉をおこなう構造になっている．矢印を観測する相の表示に合わせることで計測ができる．

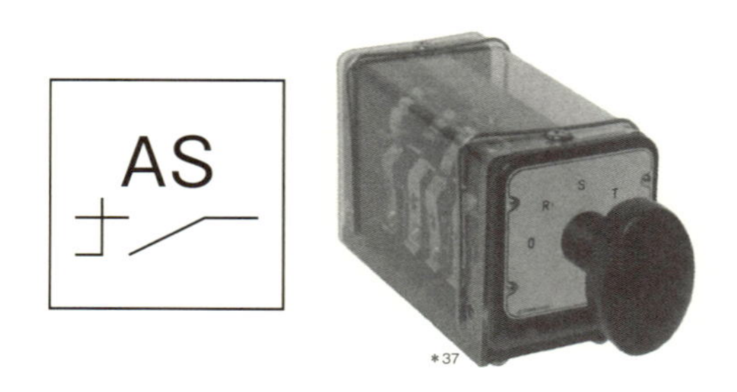


図2・49 ASの図記号と外観

(5) 電流計

電流計は，アルファベット表記で「Ammeter」であるので，文字記号は「AM」とされている．文字盤は「A」と表示し，単位は「アンペア」である．

電流計は，計器用変流器（CT），電流計切換スイッチ（AS）と組み合わせて電流値が見えることを目的とする．動作原理の違いより可動鉄片形，整流器形，熱電形の種類に分かれる．

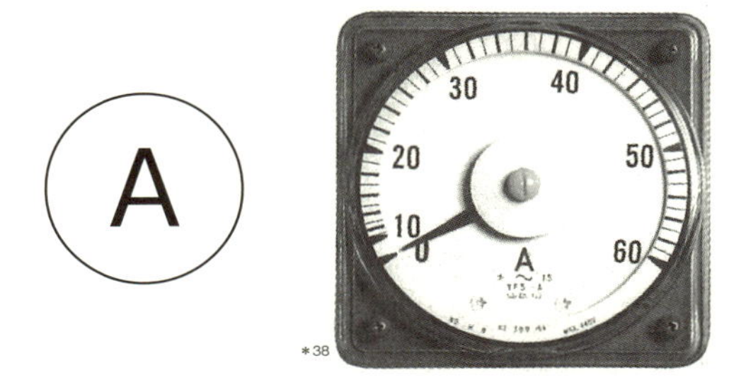


図2・50　AMの図記号と外観

⑹　力率計

力率計は，アルファベット表記で「Power-Factor Meters」であるので，文字記号は「PFM」とされている．文字盤の表示は「COSφ」である．

PFMは，計器用変圧器（VT），計器用変流器（CT）を組み合わせて，力率の値が見えることを目的とする．

力率は有効電力の皮相電力に対する比であり，電流と関連する電圧の位相角の余弦（COS）を指示する．力率は消費電力の変化に伴い変動する．例えば高圧進相コンデンサ（SC）が固定されている場

図2・51　PFMの図記号と外観

合では，モータのような誘導性負荷が多く稼働すると遅れ力率の状態になり，稼働が停止することにより進み力率になる．表示盤中央の「1.0」は力率が100％でありことを示し，進み力率を「LEAD」に，遅れ力率を「LAG」に表示することより状態を判別できる．

(7) 電力計

電力計は，アルファベット表記で「Watt Meters」であるので，文字記号は「WM」とされている．文字盤は「kW」,「W」と表示し，単位は「ワット」である．

電力計は，計器用変圧器（VT）と計器用変流器（CT）とを組み合わせて有効電力の値が見えることを目的とする．

動作原理の違いにより電流力形と熱電対形があり，電流力形は固定コイルと可動コイルを流れる電流間に発生する電磁トルクを利用し有効電力を計測する．

図2・52 WMの図記号と外観

## 2.5 各機器間の実際の結線

各機器間の結線図を複線結線図で表した例を図2・53に示す．

図2・53に各機器の写真を配置すると図2・54のようになる

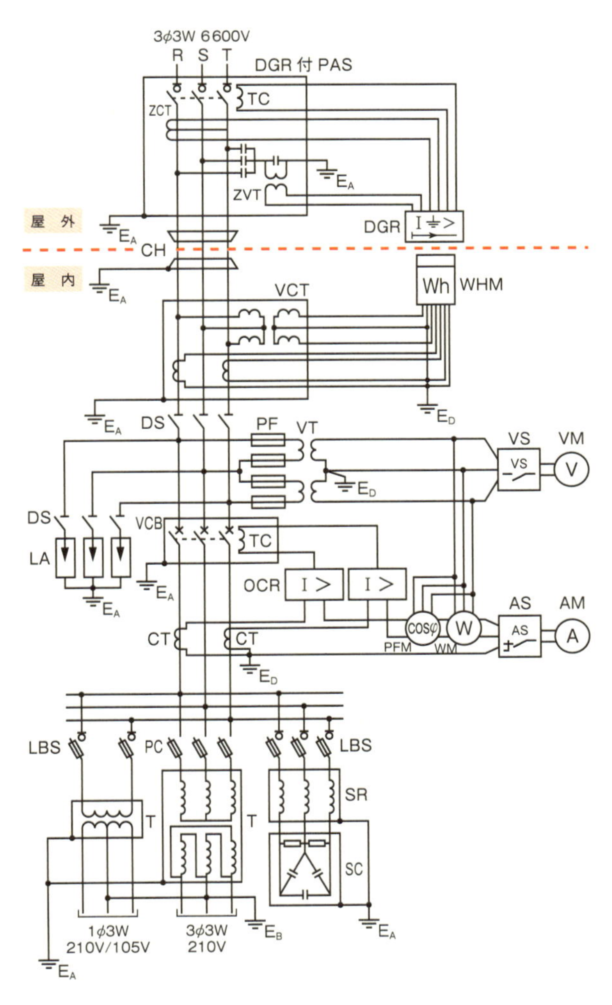


図2・53　高圧受電設備の複線結線図の例

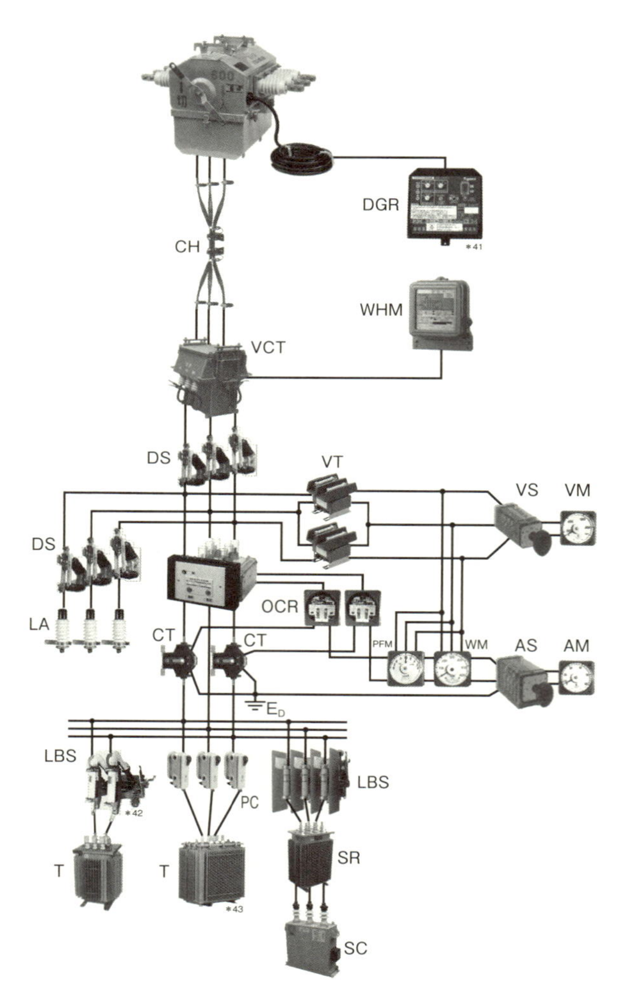


図2・54　高圧受電設備の各機器配置の例

### (i) DGR付PASとCHの接続

電力会社と需要家の責任分界点の区分開閉器として，波及事故を「断つ」ため，地絡方向継電器付高圧交流負荷開閉器（DGR付PAS）または高圧地中線用ガス開閉器（UGS）を設置する．高圧交流負荷開閉器は零相計器用変流器（ZCT）と零相計器用変圧器（ZVT）を内蔵しており，電圧，電流，位相角を検出して地絡方向継電器（DGR）の判別特定により電路が健全であるかが「見える」．

DGR付PASの二次側はケーブルヘッド（CH）を施したケーブルで構内受電電設備に高圧電力を「通す」．

DGR付PASまたはUGSの本体外箱にはA種接地工事を施す．

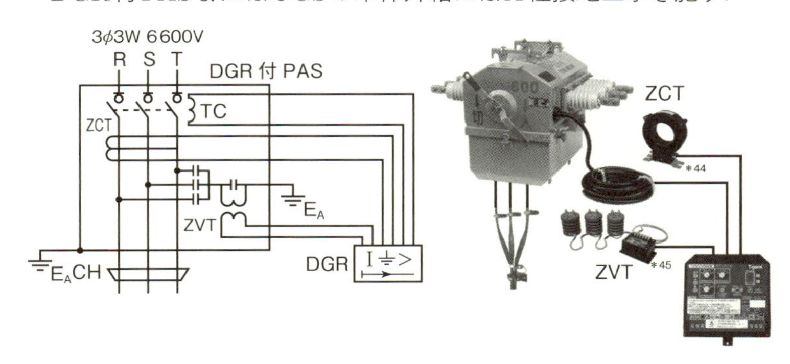


図2・55　DGR付PASとCHの接続

### (ii) CH，VCT，WHMの接続

ケーブルヘッド（CH）で「通された」高圧電力は電力需給用計器用変成器（VCT）により低電圧と小電流に「変える」．これにより電力量計（WHM）で使用電力量が「見える」ようになる．

CHとVCTの本体外箱にはA種接地工事を施す．また，VCTの内部計器用変圧器及び計器用変流器の二次側にはD種接地工事を施す．

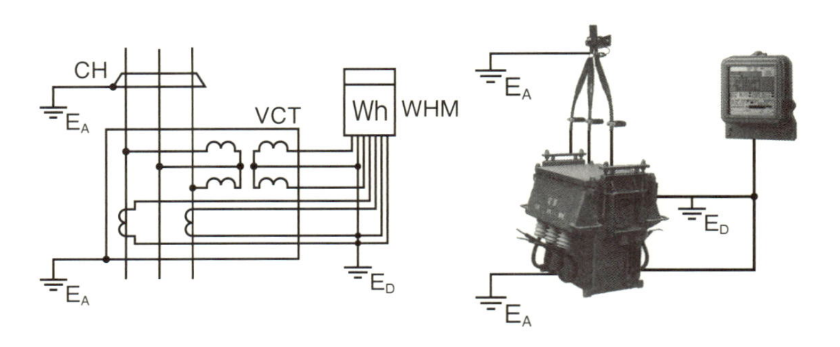


図2・56　CH，VCT，WHMの接続

### (iii) DSとLAの接続

避雷器（LA）は落雷等のサージ電圧を「断つ」ものである．上

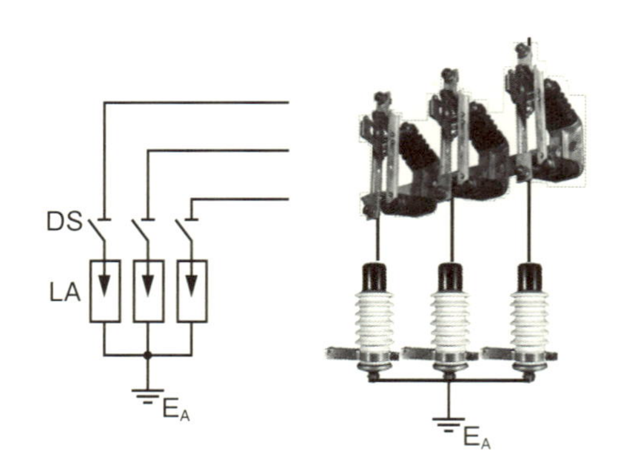


図2・57　DSとLAの接続

位には断路器（DS）を設置するが，設備の点検などで停電作業を行う際に電路を「断つ」目的がある．電流が流れているときの開閉は厳禁である．LAにはA種接地工事を施す．

### (iv) VT，VS，VMの接続

需要家の高圧電圧は，計器用変圧器（VT）により低電圧に「変

える」．これにより電圧計（VM）で受電電圧が「見える」ようになる．またR，S，Tの各相間（R-S，S-T，T-R）の各電圧を「見える」ようにするために，電圧計切換スイッチ（VS）で測定箇所を切換える．PFはVTに付属する高圧限流ヒューズを表す．また二次側の電圧は力率計（PFM），電力計（WM）の測定要素であり，同機器に接続する．VTの二次側にはD種接地工事を施す．

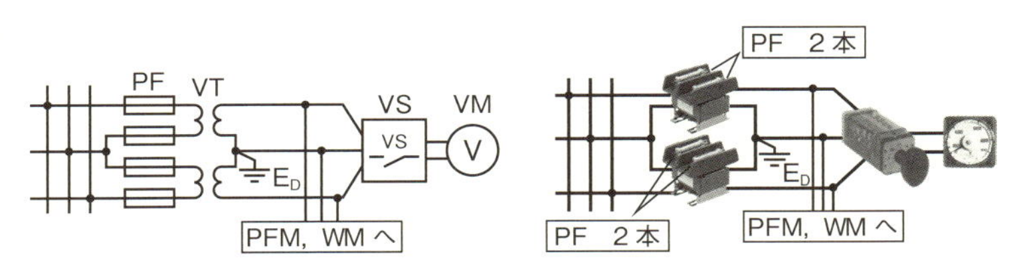


図2・58　VT，VS，Vの接続

## (v) CB，CT，OCRの接続

需要家の高圧電流は計器用変流器（CT）により小電流に「変える」．これにより電流計（AM）で受電電流が「見える」ようになる．

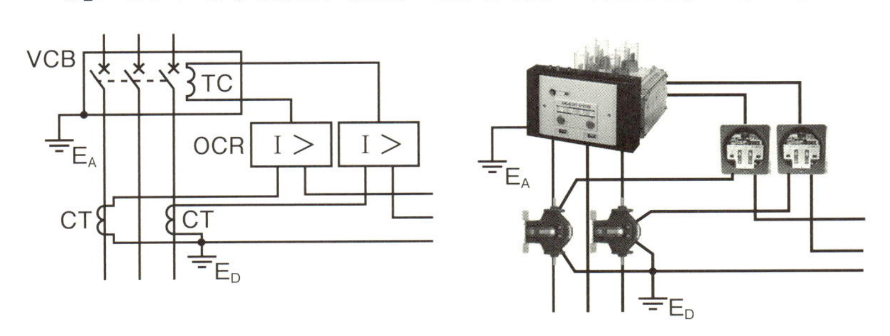


図2・59　CB，CT，OCRの接続

また，過電流継電器（OCR）に送り，短絡や過負荷による事故電流を「見る」．事故が発生した場合は継電器が動作し，遮断器（CB）に内蔵された引外しコイル（トリップコイル：TC）を励磁して遮断器（CB）が開放されて事故電流を「断つ」．CBの本体外箱にはA種接地工事を施し，CTの二次側にはD種接地工事を施す．

### (vi) CT，OCR，PFM，WM，AS，AMの接続

需要家の高圧電流は計器用変流器（CT）により小電流に「変える」．この小電流により過電流継電器（OCR）の電路の状態を監視するとともに，力率計（PFM），電力計（WM）に接続して，力率と電力を「見える」ようにする．またR，S，Tの三相の各電流を

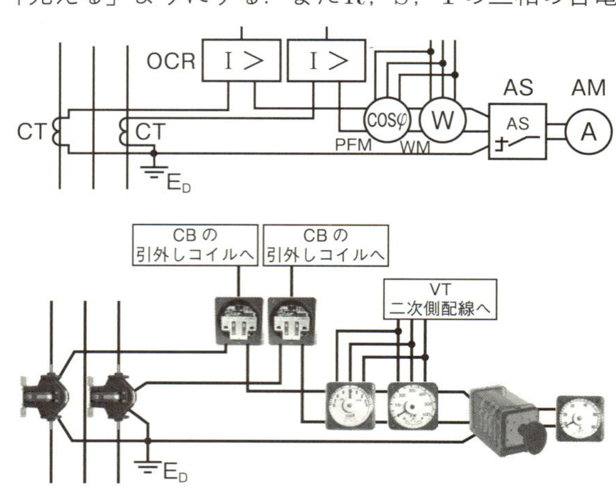


図2・60　CT，OCR，PFM，AS，AMの接続

「見える」ようにするために，電流計切換スイッチ（AS）で測定箇所を切換える．

### (vii) LBS，SR，SCの接続

需要家の負荷の力率を「変える」ため高圧進相コンデンサ（SC）を設置する．その上位には高調波と高圧進相コンデンサの突入電流を抑制し，「変える」ためコンデンサ容量の6％を標準とする直列リアクトル（SR）を接続する．この回路を高圧交流負荷開閉器（LBS）

により保護する．過電流が発生すと限流ヒューズが溶断し，内蔵された表示棒が突出し，ストライカによる引外しを行って電路を開放する．SCの容量が50 kvarを超える場合はLBSを設置する．SR，SCの本体外箱にはA種接地工事を施す．

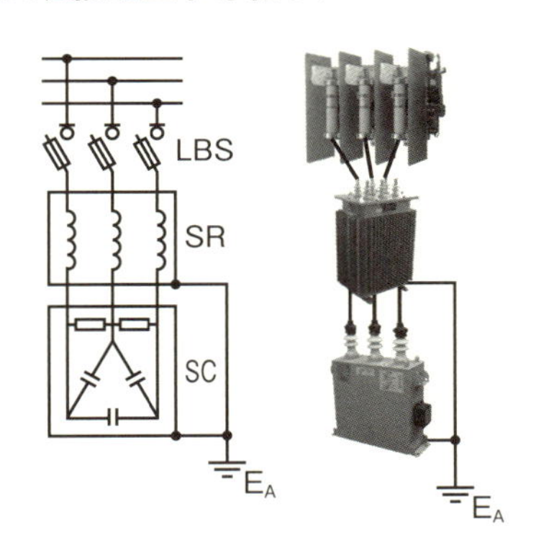


図2・61　LBS，SR，SCの接続

## (viii) LBSとTの接続

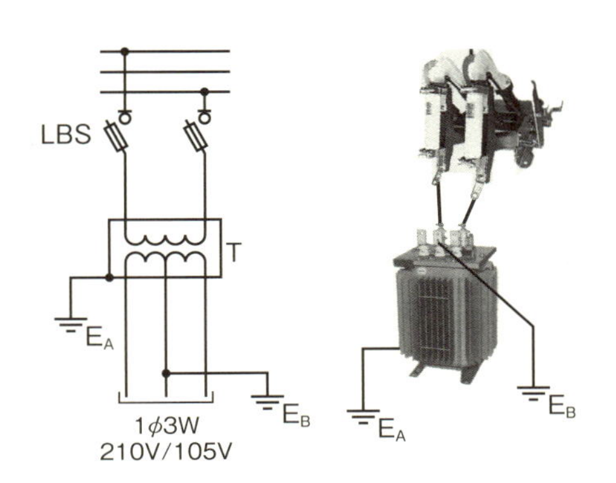


図2・62　LBSとT（単相変圧器）の接続

電力会社から受電した6 600 Vの高圧を，負荷に使用する電灯・コンセント用の単相105 V・210 Vの低圧に「変える」ために単相変圧器（T）を設置する．高圧交流負荷開閉器（LBS）により過電流や過負荷の事故を「断つ」．変圧器（T）の容量が300 kVAを超える場合はLBSを設置する．変圧器（T）の本体外箱にはA種接地工事を施す．また二次側中性点にはB種接地工事を施す

### (ix) PCとTの接続

電力会社から受電した6 600 Vの高圧を，負荷に使用する動力用の三相210 Vや400 Vの低圧に「変える」ため変圧器（T）を設置する．高圧カットアウト（PC）により過電流や過負荷の事故を「断つ」．変圧器（T）の容量が300 kVA以下の場合に設置する．変圧器（T）の本体外箱にはA種接地工事を施す．また二次側中性点にはB種接地工事を施す

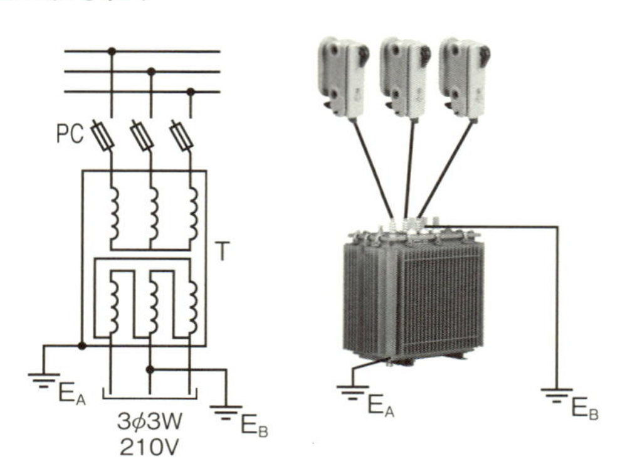


図2・63　PCとT（三相変圧器）の接続

# 3 高圧受電設備の応用

## 3.1 結線方式と設置場所

### (i) 結線方式

高圧受電設備の受電方式は1篇でも解説したように，主遮断装置の形式より高圧交流遮断器（CB）を用いる「CB形」，限流ヒューズ（PF）と高圧交流負荷開閉器（S）を用いる「PF・S形」に分かれる．また，キュービクルなどの箱に収める閉鎖形と，キュービクルに収めない開放形がある．

高圧受電設備に使用する電線の太さについては，主遮断装置の形式と短絡電流値により選定し，負荷容量を考慮して決定する．

#### (1) CB形

主遮断装置には高圧交流遮断器（CB）を用いる．過電流継電器（OCR）や地絡遮断装置（GR）などと組み合わせて，過負荷，短絡，地絡などの事故電流を遮断する．責任分界点には区分開閉器として地絡継電器（GR）または地絡方向継電器付高圧交流負荷開閉器（DGR付PAS）を設置する．受電設備容量は4 000 kVA以下である．

図3・1，図3・2はCB形のキュービクル内の機器の配置と結線方式の一例である．なお，キュービクルに収める電力需給用計器用変成器（VCT）及び電力量計（WHM）などの機器の範囲は，各電力会社により規定が異なっている．

＊2

図3・1　機器の配置図（CB形）

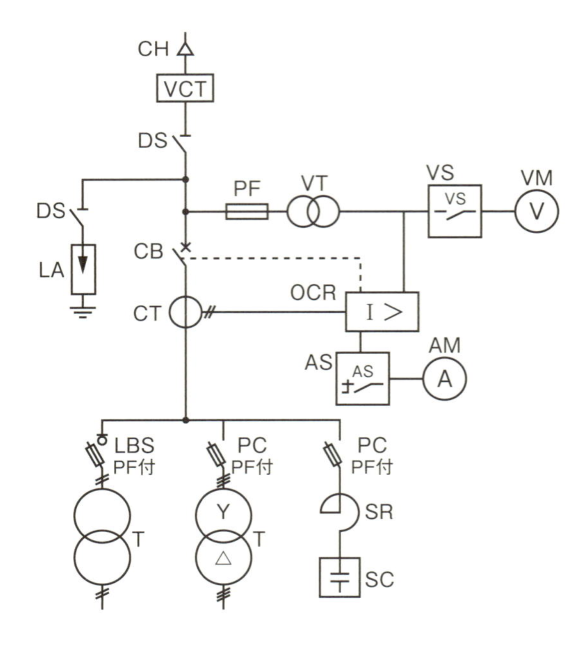


図3・2　CB形の結線方式の例

### (2)　PF・S形

主遮断装置には限流ヒューズ（PF），高圧交流負荷開閉器（S）を用いる．過負荷，短絡の事故電流は限流ヒューズ（PF）の遮断による．地絡事故は責任分界点に区分開閉器として設置された地絡継電器（GR）または地絡方向継電器（DGR）付高圧交流負荷開閉器（DGR付PAS）により開閉器を動作させる．

受電設備容量は300kVAを超えない比較的に小規模の需要設備で使用される．この設備容量は配電用変電所の過電流継電器と電力ヒューズの協調（ヒューズ容量G50）から算定される変圧器の容量を定めるものである．

また，負荷設備に高圧電動機がある場合は，始動電流によりヒューズが溶断するおそれがありCB形を採用する．

図3・3，3・4は，PF・S形のキュービクル内の機器の配置と結線方式の一例である．

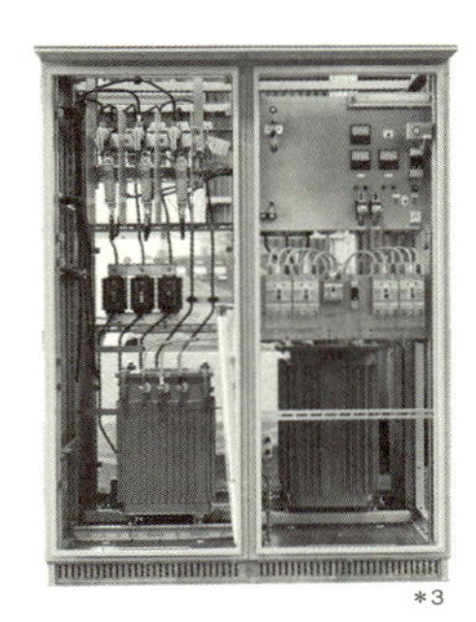

＊3

図3・3　機器の配置例（PF・S形）

#### (ii) 設置場所

高圧受電設備の機器を箱に収めない開放形は，金属フレームなどで構築した基礎に，高圧受電設備の機器を取付けたものであり，大

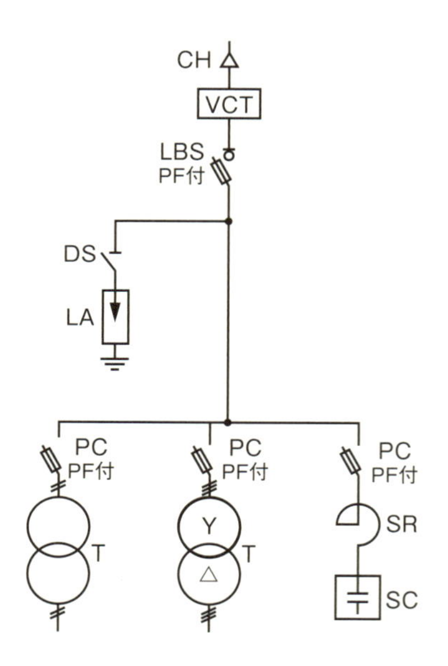


図3・4 PF・S形の結線方式の例

容量の受電設備に用いられる方式である．開放形は屋外式と屋内式に分かれ，さらに屋内式は屋上式，柱上式，地上式に分かれる．柱上式は保守点検が不便であることから，地域の状況や使用目的を考慮して他の方式での使用が困難な場合に限られる．

また，高圧受電設備の機器を箱に収める閉鎖形は，一般的にはキュービクル式高圧受電設備を示す．キュービクル（Cubicle）とは，“立方体”の“Cube”より，「小室」を意味し，キュービクル式とは，金属製の箱に高圧受電設備の機器を収めたものである．

主遮断装置の形式と受電設備方式により，受電設備の容量が規定されている．開放形と閉鎖形の長所と短所を表3・1に示す．

表3・1 開放形と閉鎖形の長所・短所

| 受電方式<br>特徴 | 開放形 | 閉鎖形 |
|---|---|---|
| 長所 | ・目視点検が容易<br>・機器の増設，交換が容易 | ・工場で組み立てるので信頼性と安全性が高い.<br>・金属箱で覆うため感電などの危険性が低い<br>・高圧機器が内部に収納されるため耐候性が高い<br>・据え付け及び配線工事などの現地工事が短期間である<br>・設置面積や設置場所の制約が少ない |
| 短所 | ・充電部が露出しており感電の危険性が高い<br>・塩害などの影響を受けやすく耐候性が低い<br>・据え付け及び配線工事の現地工事が長期間<br>・広い設置場所が必要 | ・機器の増設や交換に条件を伴う場合がある<br>・扉を開けないと点検できない |

図3・5 開放形屋外柱上式

## 3.2 保護協調

### (i) 保護協調と絶縁協調

配電変電所側と需要家側に設置されている保護装置の感度，動作時間が同じであれば，事故が発生した場合に配電変電所側と需要家側のいずれも停電する可能性がある．保護協調とは，電力を供給する電気事業者の配電変電所側と需要家側に設置されている保護装置の感度，動作時間を適正に整定することによって，需要家側で短絡・地絡などの事故が発生した際に，配電変電所側への影響を最小限の範囲に止めて，健全回路への給電の継続を図ることである．

高圧配電系の場合，配電用変電所の遮断装置の二次側に高圧需要家と低圧需要家が複数で混在している．仮に高圧需要家で短絡事故が発生した場合に，高圧需要家の主遮断装置よりも先に配電用変電所の遮断器が動作すると，配電用変電所の遮断器の系統にある全ての需要家が停電してしまい，甚大な支障が生じる．そのため高圧需要家が責任分界点に近い箇所に主遮断装置を施設することで高圧電線及び機器を保護し，これが配電変電所の遮断装置よりも先に動作して，同一系統の需要家への事故の波及を防ぐように電気事業者側と協調を図っている．

過電流に対する保護協調においては，動作協調と短絡強度協調が満たされることが必要である．動作協調とは過負荷，短絡，地絡が生じたときに，適正な事故電流に対応した動作を設定して協調を保つことをいう．短絡強度協調とは，短絡に対して被保護機器が熱的・機械的に保護されるように設定して協調を保つことをいう．

また，保護協調とは別に絶縁協調がある．絶縁協調とは，電力系統に発生する雷害などによる過電圧に対して絶縁破壊事故の発生確率が許容水準に止まるように電力機器・設備の絶縁強度を選定し，協調を図ることである．外部過電圧に対しては，避雷器を設置し，保護レベルを電路の絶縁強度より低くすることで保護する．

### (ii) 保護協調，絶縁協調の規定

高圧受電設備で発生する事故の波及を防止するため，短絡については過電流保護協調，地絡は地絡保護協調，電力系統に発生する過電圧は絶縁協調により，主遮断装置の動作協調や絶縁設計を行う．

(1)　過電流保護協調

過電流保護協調については，高圧受電設備規程で次のように定めている．

- 高圧の機械器具及び電線を保護し，かつ，過電流による波及事故を防止するため，必要な個所には，過電流遮断器を施設する．
- 主遮断装置は，電気事業者の配電用変電所の過電流保護装置との動作協調を図る．
- 主遮断装置の動作時限整定に当たっては，電気事業者の配電用変電所の過電流保護装置との動作協調を図るため，電気事業者と協議する．
- 主遮断装置は受電用変圧器二次側の過電流遮断器（配線用遮断器，ヒューズ）との動作協調を図ることが望ましい．

(2)　地絡保護協調

地絡保護協調については，高圧受電設備規程で次のように定めている．

- 高圧電路に地絡を生じたとき，自動的に電路を遮断するため，必要な個所に地絡遮断装置を施設する．
- 地絡遮断装置は，電気事業者の配電用変電所の地絡保護装置との動作協調を図る．

・地絡遮断装置の動作時限整定に当たっては，電気事業者の配電用変電所の地絡保護装置との動作協調を図るため，電気事業者と協議する．
・地絡遮断装置から負荷側の高圧電路における対地静電容量が大きい場合は，地絡方向継電器を使用することが望ましい．

(3)　絶縁協調

絶縁協調については，高圧受電設備規程で次のように定めている．
・雷サージ（誘導雷）による機器の絶縁破壊を防止するため，架空電線路から供給を受ける需要場所の引込口またはこれに近接する箇所には避雷器を施設すること．ただし，雷害のおそれがない場合は，この限りでない．
・避雷器の施設にあたっては，できるだけ接地抵抗値を低減すること．
・機器・材料の絶縁レベルは，避雷器による雷サージ抑制効果を上回るものであること．誘導雷サージなどの外部過電圧に対して，避雷器の定格電圧は6.6 kV回路の場合に8.4 kVとすることで目的を果たす．

以上の動作協調は事故の要素を検出し，保護継電器の動作により遮断器などで遮断するものである．

### (iii) 継電器の動作

(1)　地絡継電器（GR）の動作

本来，接地部分以外は電流が流れることがない，完全に大地と絶縁されている電線や電気機器が，物理的な損傷，経年による絶縁物の劣化，浸水などの何らかの異常によって絶縁が破壊され，電流が大地に接触・流入する状態が発生する．電気回路の導体と大地間に電流が流れる現象を地絡という．一般的には「アース事故（earth fault)」，「漏電」と称される．地絡電流（earth fault current）は，絶縁不良によって大地に流れる電流とされ，地絡によって電路の外部へ流出し，電路，機器の損傷などの事故を引き起こすおそれがある．また漏えい電流（earth leakage current）は絶縁不良が無い場合に，設備の充電部から大地に流れる電流をいう．

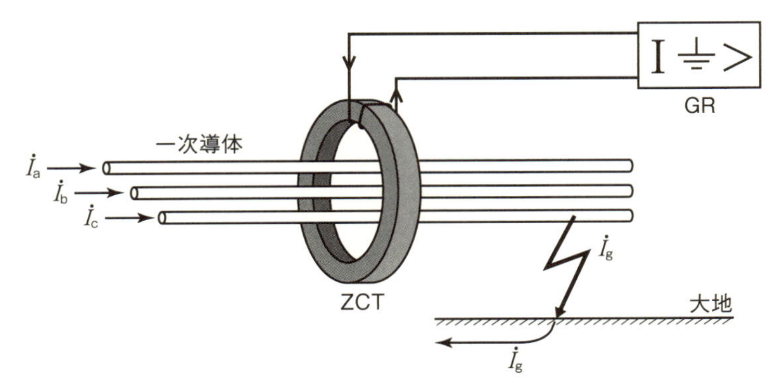


図3・6　ZCTの概念図

図3・6において地絡電流がない健全な三相交流の場合は，

$$\dot{I}_a + \dot{I}_b + \dot{I}_c = 0$$

となる．地絡により大地に帰路する漏電電流があると

$$\dot{I}_a + \dot{I}_b + \dot{I}_c = \dot{I}_g$$

となる電流が発生する．この電流が地絡電流$\dot{I}_g$であり，零相変流器（ZCT：Zero Phase Current Transformer）により検出される．

GRはZCTと組合せて使用する．ZCTは一次導体が貫通する開口穴の鉄心に二次巻線を巻いたものであり，地絡電流は二次側に出力される．GRはこの出力の大きさを判断し，継電器を動作させて遮断器（CB）の電流引外しコイル（TC：Trip Coil）に電流を流すことでコイル（ソレノイドコイル）を励磁し，機構の遮断動作により事故を切り離す．

(2)　地絡方向継電器（DGR）の動作

地絡継電器（GR）は地絡電流の「大きさ」のみを判断し，自分の受電設備（自回線）か他の需要家の受電設備（他回線）かの「方向」を判別できないため，設備内ケーブル長が長い場合は，他の需要家で発生した地絡事故で誤動作する，いわゆる「もらい事故」が発生する．その防止対策として，地絡方向継電器（DGR）が使われる場合が多い．DGRは零相変流器（ZCT）と零相計器用変圧器（ZVT：Zero Phase Voltage Transformer）を組合せて使用する．

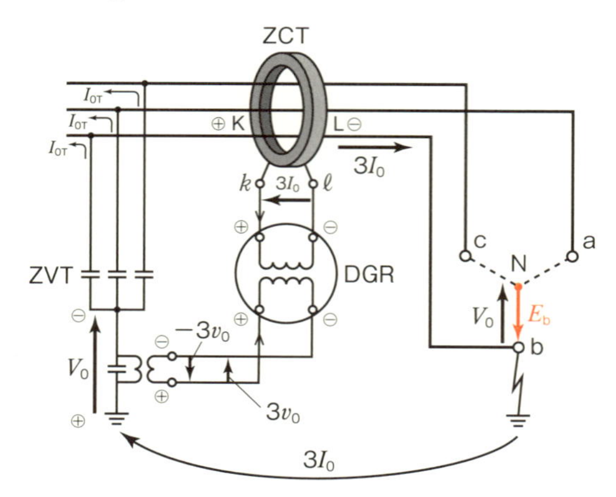


図3・7　零相電流 $I_0$ と零相電圧 $V_0$ の検出

図3・7において需要家側のbで地絡事故が発生した場合，対地から中性点Nに対して零相電圧 $V_0$ が生じる．これは需要家側の零相計器用変圧器（ZVT）の一次側，配電用変電所の接地型計器用変

圧器（EVT）の一次側に発生する電位と同じである．各相電圧を $\dot{E}_{\mathrm{a}}$，$\dot{E}_{\mathrm{b}}$，$\dot{E}_{\mathrm{c}}$とすると，次式で表される．

$$\dot{E}_{\mathrm{a}} + \dot{E}_{\mathrm{b}} + \dot{E}_{\mathrm{c}} = 3V_0$$

この電圧が配電用変電所での測定値となり，この時の値は，

$$3V_0 = \sqrt{3} \times 6\,600\ [\mathrm{V}] = 11\,430\ [\mathrm{V}]$$

であり，

$$V_0 = \frac{\sqrt{3}}{3} \times 6\,600\ [\mathrm{V}] = 3\,810\ [\mathrm{V}]$$

となる．高圧需要家側では，EVTの代わりにコンデンサを組み合わせたZVTを用いる．ZVTの二次側には$3v_0$が現れるが，これをオープンデルタ電圧といい，

$$3v_0 = \sqrt{3} \times 110\ [\mathrm{V}] = 190\ [\mathrm{V}]$$

である．

零相電流$3I_0$は故障回線で最も大きな電流値となり，線路の対地容量を通して流れる充電電流は，ZCTのKからLに向かって流れる．高圧配電線は非接地系統では電源側からだけでなく，負荷側や健全回線からも零相電流$I_0$が流れるが，事故回線では自回線の対地容量成分により，同じ配電線路にある健全回線の電流の向きと逆向きの流れになる．

図3・8にGRとDGRの位相特性を示す．健全回線のZCTを通過する$I_{01}$は零相電圧$V_0$に対して90°遅れるが，地絡事故を生じたZCTには健全回線の対地静電容量分による零相電流と抵抗分によるベクトル和の$I_{02}$が流れる．これは図3・8のように$I_{02}$は零相電圧$V_0$に対して0°から90°の範囲内で進む．この位相特性により，DGRは図3・8(b)のように，方向と零相電流の「大きさ」が動作範囲の領域（動作域）に達した場合に継電器を動作する．他回線で大

きな零相電流が生じた場合は，$-90°$ 方向の点線で示す方向に流れるが，不動作域のために動作しない．このように位相特性により自回線と他回線の方向を認識する．

一方，無方向性のGRの場合は動作範囲の領域が位相特性の方向に関係なく，地絡電流の「大きさ」のみを判断していることが図3・8(a)より分かる．そのため他回線零相電流は動作域に達した場合に継電器を動作し「もらい事故」になる．

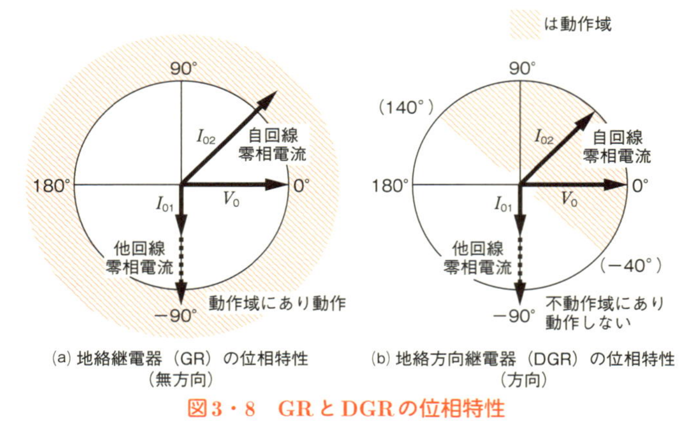


(a) 地絡継電器（GR）の位相特性（無方向）

(b) 地絡方向継電器（DGR）の位相特性（方向）

**図3・8　GRとDGRの位相特性**

図3・9にトランジスタ形のDGRのブロック図を示す．DGRの

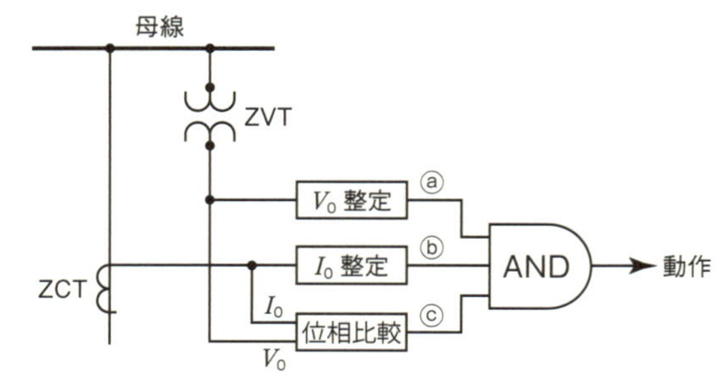


**図3・9　トランジスタ形地絡方向性継電器のブロック図**

場合，需要家の構内で地絡事故が発生すると，電路に流れる零相電流$I_0$はZCTで検出され，零相電圧$V_0$はZVTにより検出される．また零相電圧$V_0$に対する零相電流$I_0$の位相（方向）を判定する．

継電器内部では，零相電圧$V_0$の「大きさ」，零相電流$I_0$の「大きさ」，位相比較（方向）が整定されていて，各要素が整定値に達するとⓐ，ⓑ，ⓒをそれぞれ入力し，3つの条件が成立して接点を動作させる．この回路をAND回路と呼び，ⓐ，ⓑ，ⓒすべての入力端子に信号が入力されたときにのみ，出力信号を出力する論理回路である．

(3)　過電流継電器（OCR）の動作

短絡とは「電気回路の導体間が何らかの原因によって，低抵抗，低インピーダンスで結合された状態」をいい，「ショート（short circuit)」と称される．この時に生じる電流を短絡電流という．短絡電流は大きな電流であり，過熱による機器の焼損などの事故を招く．短絡事故は絶縁物の劣化や電線に他物が接触することなどが原因となる．なお配電用変電所の母線短絡電流最大値は12.5 kVA，遮断容量160 MVAであるため，これを需要家の受電点短絡電流の最大値とみなし推奨値とされる．

過電流継電器（OCR）は，静止形と誘導円板形に大別される．静止形は電子回路の制御によって遮断を行う．図3・10はCT二次電流引外し方式の遮断器動作原理を示すものである．OCRには，計器用変流器（CT）の二次側の電流であるCT二次電流が流れる．CT二次電流は，常時はOCRのb接点を流れているが，電線路の短絡電流や過負荷電流が流れると，瞬時要素及び限時要素の整定値を超過して継電器が動作する．これによりb接点が開き，CT二次電流が遮断器（CB）の電流引外しコイル（TC）に流れて遮断動作をさせ，事故を切り離す．このようにCBに信号を与えて遮断動作を行う操作のことを引外し（trip）といい，ここで説明した引外し制御方式を，CT二次電流引外し方式という．

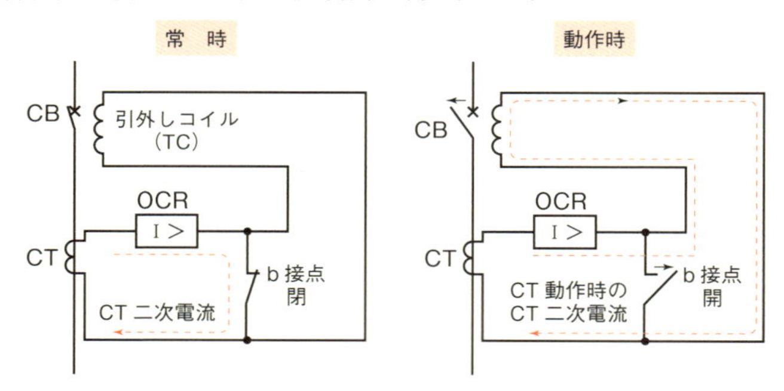


図3・10　CT二次電流引外し方式の遮断器動作原理

図3・10の動作原理からもわかるように，CT二次電流引外し方式はCTの電流をしようするため引外し回路に制御電源は不要であるが，引外し回路に制御電源（直流電源）が必要な電圧引外し方式，引外し装置にコンデンサ（図3・11ではCTDと表記）を内蔵させた直

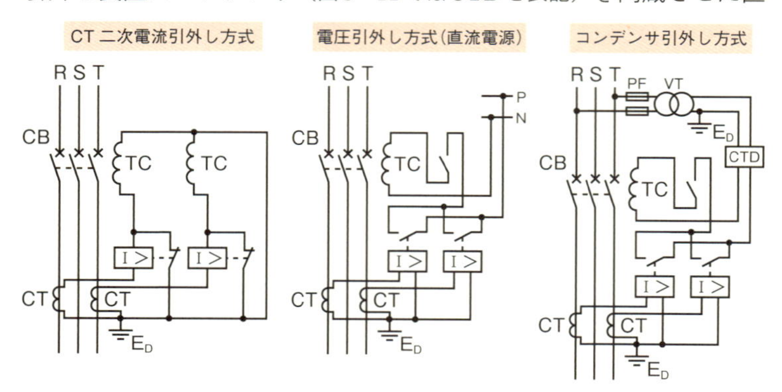


図3・11　引外し制御方式

流電源コンデンサ引外し方式などがある．

誘導円板形にはコイルと誘導円板が内蔵されていて，コイルに加わった磁束と誘導円板に生じた渦電流の相互作用で誘導円板が回転する．誘導円板の回転トルクはコイルに流れる電流の増加に比例するため，一定の回転を検知すると遮断される構造となっている．

OCRの動作要素である瞬時要素と限時要素には2編で触れたが，誘導円板形は瞬時整定タップで瞬時要素を設定する．また，限時要素は限時整定タップと限時整定レバー（限時ダイヤル）で設定する．

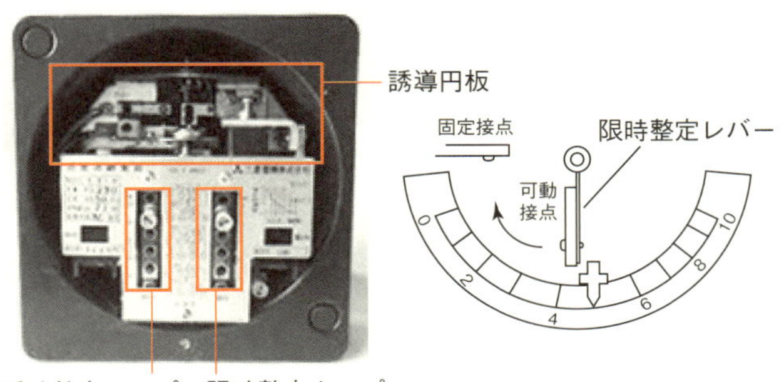


図3・12　誘導円板形の動作要素の設定

瞬時整定タップで瞬時要素を30 Aに整定した場合に電線路に短絡電流1 000 Aが流入し，変流比100 A/5 AのCTを通じてOCRに50A（1 000 A × 5/100）が流入したとすると，整定値30 A＜電流値50 Aとなり，瞬時要素の回路が閉路してCBの引外しコイル（TC）を励磁して事故電流を遮断する．このときの特性は図3・13(a)のような特性曲線になる．

限時要素は限時整定タップと限時整定レバー（限時ダイヤル）で設定するが，限時整定タップは動作電流を，限時整定レバーは限時要素の回路が閉路するまでの動作時間を設定する．なお，この動作時間は，限時動作が開始して可動接点が回転し，固定接点に接触して限時要素の回路が閉路するまでの時間である．限時整定タップ5 A，限時整定レバーを5に整定した場合の特性は図3・13(b)のような特性曲線になる．

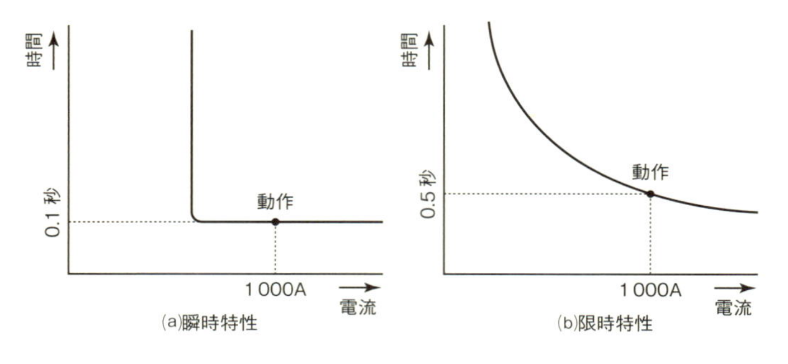


図3・13　特性曲線

実際にはこの2つの要素を合わせた反限時，瞬時組合せ特性による動作を行う．例えば図3・14の場合，電流がⒶより大きいと瞬時要素が先に働き，Ⓐより小さいと限時要素が先に働く．引外し（trip）の信号はいずれかの早い方で出力される．

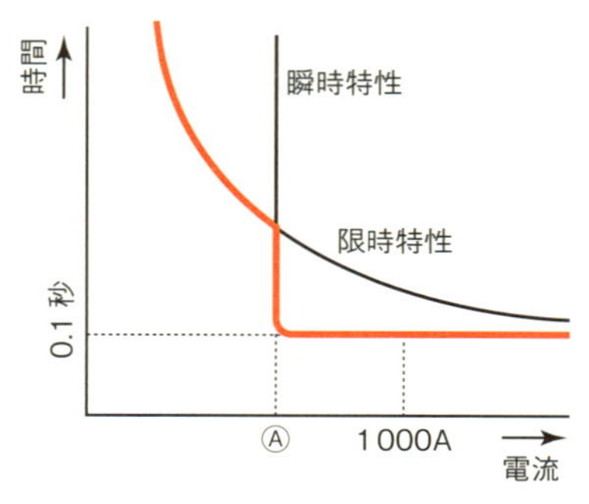


図3・14　誘導円板形の動作原理

なお，特性曲線の縦軸は過電流継電器の動作時間を示す．瞬時要素で動作する電流の値は，瞬時整定タップにより整定するが，その値は限時整定タップ値の5倍から15倍の範囲で選定する．図3・13のように限時整定タップ5Aとすると，瞬時整定タップは6倍の30Aと設定する．また，限時要素で動作する電流の値は，限時整定タップにより整定するが，この値は次式の変流器比から算出される．

$$K \times \frac{\text{契約電力 [kW]} \times 1\,000}{\sqrt{3} \times \text{定格電圧 [V]} \times \text{力率}} \times \frac{\text{CT二次側電流}}{\text{CT一次側電流}}$$

定格電圧：6 600 V　力率：0.8〜0.95

$K$：係数（1.3〜2.0）[$K$の値は，負荷設備の状態により選定]

限時整定レバーは，電力会社の配電用変電所との保護協調を図るよう整定する．

(4)　不足電圧継電器（UVR）の動作

不足電圧継電器（UVR）は，停電や短絡故障による系統電圧の低下を検出し，停電による非常用発電機の起動や非常用照明の点灯の

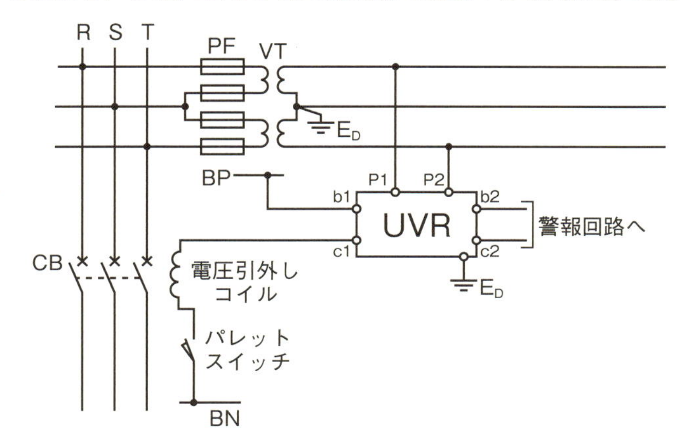


図3・15　不足電圧継電器の接続例

ための信号を発信する．また，電動機等の電圧低下を監視し，異常な電圧の低下変動を保護する．

図3・15は電子回路を内蔵したUVRの接続例である．計器用変圧器（VT）の二次電圧を制御電圧及び電力入力とし，電圧入力は電子回路レベルの信号に変換される．内部のマイクロコンピュータは電圧信号データと整定データによるレベル判定演算を行い，電圧信号が一定値を下回った際に，タイマーが始動し，動作時間以上信号が継続する際に継電器を動作させる．これにより電圧引外しコイルが励磁され遮断器を遮断動作し，パレットスイッチが閉じることで接続した回路へ信号を発信する．動作出力接点は継電器の動作後に入力電圧が復帰すると，復帰時間後に内部の出力リレーが自動復帰することで動作出力接点が復帰する．

### (iv) 系統連系

電力会社からの電力を需要家の受電設備に供給するための発電・変電・送電・配電を総合したシステムを商用電力系統と呼ぶ．この商用電力系統には，太陽光，風力，木質バイオマス発電など再生可能エネルギーを利用した発電設備やコージェネレーションなどの様々な分散型電源が接続されている．これを系統の連系という．発電設備等を系統に連系する場合に，次のような基本的な考えとして系統連系規程で技術的要件について定めている．

・停電などの供給信頼度及び電圧，周波数，力率などの電力品質の面で，発電設備の設置者以外に悪影響を及ぼさないこと．
・公衆および作業者の安全確保と電力供給設備または他の需要家の設備に悪影響を及ぼさないこと．

高圧配線の系統連用の保護継電器（系統連系規程では保護装置と記載）は，以下の異常時に分散型電源を自動的に系統から切離し（解列）

するため設置される.

・分散型電源の異常又は故障

・連系している電力系統の短絡事故または地絡事故

・分散型電源の単独運転

また，電力系統において再閉路が行われている場合は，再閉路時に，解列されていることが要求されている.

表3・2に系統連系規程第229条229-1表に規定する保護継電器を示す．系統連系規程では保護継電器を「保護リレー等」，「リレー」と記載している.

連携用保護継電器は，連携する系統の種類や分散型電源需要家の発電機の種類等によって，設置しなければならない機種が決められている.

代表的な保護継電器を保護の目的別に分けると次のようになる.

① 発電設備の故障時の保護を目的とする保護継電器

(a) 過電圧継電器（OVR）

発電設備の発電電圧が異常に上昇した場合に動作し遮断する.

(b) 不足電圧継電器（UVR）

発電設備の発電電圧が異常に低下した場合に動作し遮断する.

② 系統側の短絡事故対策を目的とする保護継電器

(a) 不足電圧継電器（UVR）

誘導発電機，二次励磁発電機及び逆変換装置を用いる場合に，発電設備の発電電圧が異常に低下した場合に動作し遮断する.

(b) 短絡方向継電器（DSR）

同期発電機を用いる場合に，発電設備側からの短絡電流を検出し動作し遮断する

③ 系統側の地絡事故対策を目的とする保護継電器

(a) 地絡過電圧継電器（OVGR）

系統事故時に発電設備設置者側から流出する地絡電流は少なく，地絡過電流継電器（OCGR）は不動作となる場合があるため，地絡電圧を検出することにより遮断する．

④ 単独運転の防止を目的とする保護継電器

上位系統事故時，配電線用遮断器開放後に事故点が消滅する特異事故時，作業や火災などにより線路用開閉器を開放した場合の線路停止時には，系統事故検出用の保護継電器で検出されず，単独運転が継続するおそれがある．そのため周波数上昇継電器（OFR）及び周波数低下継電器（UFR）により，周波数の変動を検出することにより遮断し，単独運転を防止する．また逆潮流（発電設備の設置者の構内から系統側へ有効電流が流れる）がある場合は単独運転防止対策用にOFR，UFRに加え，転送遮断装置または単独運転検出装置を設置する．

表3・2　系統連系規程第229条に規程される保護継電器

| 検出する異常 | 種類 |
|---|---|
| 発電電圧異常上昇 | 過電圧継電器 |
| 発電電圧異常低下 | 不足電圧継電器 |
| 系統側短絡事故 | 不足電圧継電器 |
| | 短絡方向継電器 |
| 系統側地絡事故 | 地絡過電圧継電器 |
| 単独運転 | 周波数上昇継電器 |
| | 周波数低下継電器 |
| | 逆電力継電器 |
| | 転送遮断装置又は単独運転検出装置 |

## 3.3　高圧受電設備の各種試験

### (i) 検査・試験の種類

高圧受電設備の検査は表3・3のとおり大きく分けて，竣工検査と定期点検がある．

### (ii) 竣工検査

竣工検査とは，自家用電気工作物の新設や変更工事が完成したときに，それが工事計画図書や法令等に合致して施工されているか，設備が必要な能力を有しているかを設置者が自主的に確認するために行う点検，試験等をいう．検査項目と順序は表3・3に示すものであり，法定自主検査項目を基本として適用されている．竣工検査は電気主任技術者によって行われ，機器などの試験実施については電気主任技術者の指示に従い試験を進める．

竣工検査の検査項目の1つである外観検査は，電気設備の技術基準に適合するかを目視によって行う検査で，以下に留意する．

・高圧機器の充電部に取扱者が容易に触れるおそれがないか．

・高圧機器を設置する配電盤の裏面に適当な巡視通路があるか．

・屋外用受電所等の周囲に危険防止柵が設けられているか，また柵と充電部の離隔は十分か．

・受変電所の出入口に関係者以外の立入を禁止する旨の表示が付けてあるか．

・受変電所の照明は適当な照度であるか．

・必要な箇所に接地工事が施されているか，またその工事方法は適当か．

・アークを発生するおそれがある機器と可燃性の造営材との離隔は十分か．

［出典］中部近畿産業保安監督部近畿支部ウェブサイト
（http://www.safety-kinki.meti.go.jp/denryoku/jikayou/03kouji/anzenkanrisinsa_jisyukensa.htm#2seibi）

表3・3　自家用電気工作物の検査項目と順序

| 順序 | 竣工検査の項目 | 定期点検の項目 |
|---|---|---|
| 1 | 工事計画書との比較確認※ | 外観検査 |
| 2 | 外観検査 | 接地抵抗測定 |
| 3 | 接地抵抗測定 | 絶縁抵抗測定 |
| 4 | 絶縁抵抗測定 | 絶縁油試験※ |
| 5 | 絶縁耐力試験 | 保護装置試験 |
| 6 | 保護装置試験 | 遮断器関係試験※ |
| 7 | 遮断器関係試験※ | 負荷試験（出力試験）※ |
| 8 | 負荷試験（出力試験）※ | 騒音測定・振動測定※ |
| 9 | 騒音測定・振動測定※ | |
| 10 | 試充電 | |

※工事計画書の届け出を要する電気事業法施行規則別表第2に該当する発電所及び電気事業法施行規則別表第4に該当するばい煙発生施設等を設置する場合に限る.
※絶縁油試験，遮断器関係試験，負荷試験，騒音測定・振動測定は該当設備がある場合に限る

### (iii) 定期点検

定期点検とは，自家用電気工作物の設置者が定める保安規程に基づき，設置者が自主的に確認するために電気設備を停止して行う点検，試験等をいい，比較的長期間（1年程度）の周期で行われる.

定期点検では電気設備の劣化診断や設備の清掃を行い，予防保全に努める．例えば，表3・3のように変圧器が絶縁油を使用する場合は，試験による性状の劣化調査を行う.

(1)　接地抵抗測定

接地とは大地と電気的に接続された状態のことで，アースと称される．高圧機器の外箱などは通常は充電されてないが，絶縁劣化や

故障，損傷等によって外箱が充電された場合の感電防止として，大地に電極（接地極）を埋設して電流を流すために施す．また変圧器の故障により低圧側と高圧側の混触防止のために施すなどの目的がある．接地には機器ごとに接地する「単独接地」，いくつかの接地箇所を連絡して接地する「連接接地」などがある．接地工事はA・

**表3・4　接地工事の施設箇所**

| 接地工事 | 主な施設場所 |
| --- | --- |
| A種 | 高圧用または特別高圧用機器の鉄台・金属製外箱，避雷器，特別高圧計器用変成器の二次側電路 |
| B種 | 変圧器の低圧側の中性点（ただし，使用電圧300 V以下で中性点に施し難い場合は低圧側の一端子でもよい） |
| C種 | 300 Vを超える低圧電路の機器の鉄台・金属製外箱および金属管・配管等の金属製部分 |
| D種 | 300 V以下の電路の機器の鉄台・金属製外箱および金属管・金属製部分，高圧計器用変成器の二次側電路 |

**表3・5　種別ごとの接地抵抗値と接地線の種類**

| 接地工事 | 接地抵抗値 | 接地線の種類 |
| --- | --- | --- |
| A種 | 10 Ω以下 | 引張強さ1.04kN以上の金属線または直径2.6mm以上の軟銅線 |
| B種 | $\dfrac{150^*}{1\text{線地絡電流 [A]}}$ [Ω]以下<br>*1秒を超え2秒以内に遮断する装置がある場合 →300 V<br>1秒以内に遮断する装置がある場合 →600 V | 引張強さ2.46 kN以上の金属線または直径4.0 mm以上の軟銅線（高圧電路または15 000 V以下の電路と変圧器で結合する場合は，引張強さ1.04 kN以上の金属線または直径2.6 mm以上の軟銅線） |
| C種 | 10 Ω以下<br>(500 Ω以下)** | 引張強さ0.39 kN以上の金属線または直径1.6 mm以上の軟銅線 |
| D種 | 100 Ω以下<br>(500 Ω以下)** | |

**0.5秒以内に自動的に動作する漏電遮断器を設置したとき

B・C・D種の4種類があり，種別ごとに施設箇所の規定がある．

また，種別ごとに必要とされる接地抵抗値や接地工事に使用すべき接地線の種類も規定されている．

接地抵抗測定は，交流電流を電極（接地極）に流して測定する直読式接地抵抗計（アーステスタ）で行う．図3・16に測定の例を示す．測定する接地極と補助接地棒2本を一直線上に順次10 m以上離して打ち込み，E端子を接地極に，第1補助極棒をP（電圧）端子に，第2補助極棒をC（電流）端子に接続する．ダイヤルを回し，検流計が「0」になるよう調整したときのダイヤルの読み（倍率がある場合は倍率を掛ける）から，接地極の接地抵抗が直読で求まる．

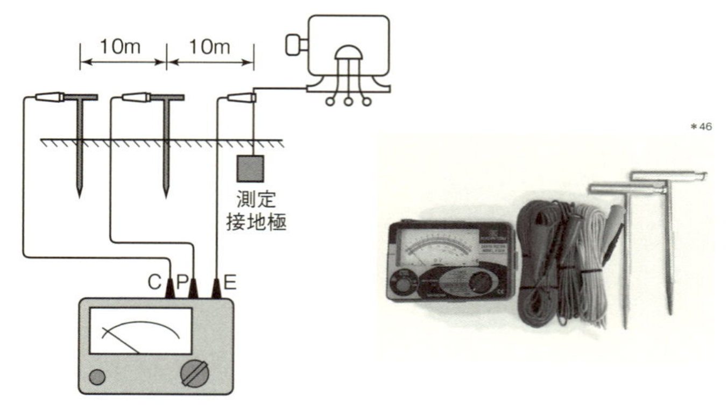


図3・16　接地抵抗の測定例

⑵　絶縁抵抗測定

設備の絶縁状態は絶縁抵抗値を測定することで判定できる．低圧電路の絶縁抵抗値は，表3・6のように規定されている．

低圧電路の電路と大地間および電線相互間の絶縁抵抗値は，引込口，屋内幹線，分岐回路の開閉器または過電流遮断器で区分できる電路ごとに，上表の値以上でなければならない．また，電線と大地

表3・6　低圧電路の絶縁抵抗

| 電路の使用電圧の区分 | | 絶縁抵抗値 | 適用電圧路 |
|---|---|---|---|
| 300 V以下 | 対地電圧150 V以下 | 0.1 MΩ | 単相2線—100 V<br>単相3線—100/200V |
| | 対地電圧150 V超過 | 0.1 MΩ | 三相3線—200 V |
| 300 V超過600 V以下 | | 0.1 MΩ | 三相4線—400 V |

間の絶縁抵抗は，使用電圧に対する漏れ電流$I_g$が最大供給電流の1/2 000（電線1条当たり）を超えてはならない．

$$漏れ電流 I_g \leqq \frac{最大供給電流}{2\,000}$$

$$\therefore \quad 絶縁抵抗値 \geqq \frac{使用電圧 V}{漏れ電流 I_g}$$

絶縁抵抗の測定方法には，絶縁抵抗測定と絶縁耐力試験があり，高圧設備の電路や機器については低圧電路のような絶縁抵抗値の規定はないが，絶縁耐力試験が規定されている．絶縁耐力試験は機器の使用電圧を超える高電圧を印加するため，これを繰り返すと機器，配線の絶縁を破壊してしまうおそれがある．定期点検・整備時には，

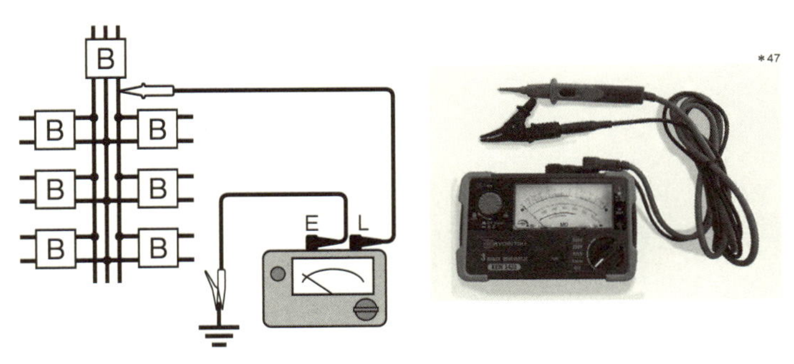


図3・17　低圧電路の測定回路図例

日本工業規格（JIS）等に定められた方法で行うのが一般的である．

絶縁抵抗の測定は，JIS C 1302「絶縁抵抗計」に定められている絶縁低抗計を使用するものとし，低圧の機器及び電路では，機器の使用電圧や性状により500 V，125/250 V，100 V絶縁抵抗計を使用する．図3・17は低圧電路と対地間を測定する回路の例である．主幹開閉器は「切」の状態で，測定器より直流電圧を印加し主幹開閉器の二次側を測定する．

高圧の機器及び電路では，1 000 Vまたは5 000 V絶縁抵抗計を使用して測定する．高圧電路及び機器一括と大地間との絶縁抵抗の測定は，絶縁抵抗計のアース端子（E端子）を接地極に接続して，直流電圧を印加するE端子方式により行う．

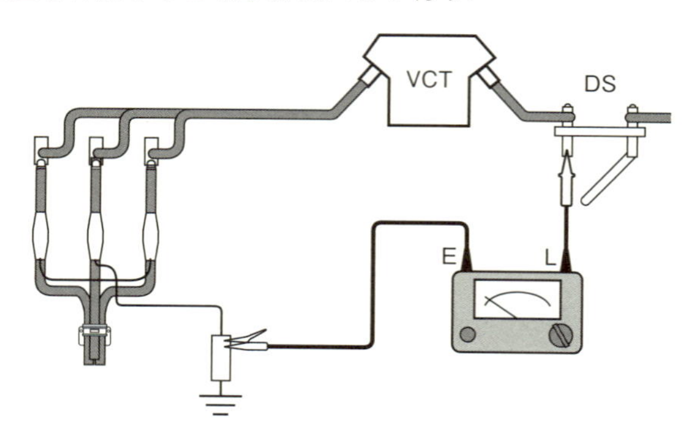


図3・18　高圧電路のE端子方式の絶縁抵抗測定

ケーブル本体の絶縁抵抗の測定は，絶縁抵抗計のガード端子（G端子）を接地極に，ケーブルのシールド線にアース端子（E端子）を接続して直流電圧を印加するG端子方式により行う．

高圧ケーブルの絶縁抵抗値については以下の判定基準がある．

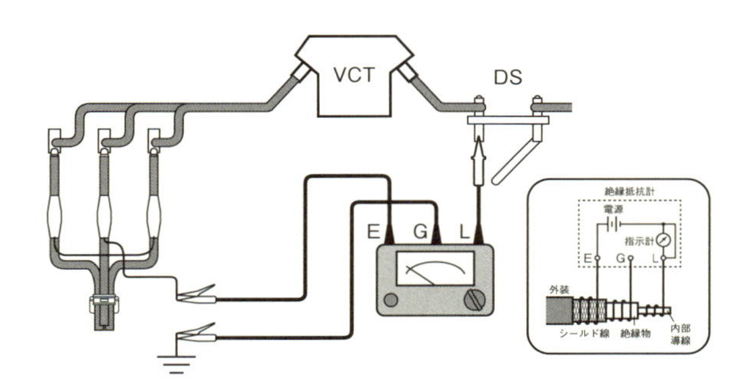


図3・19　高圧電路のG端子方式の絶縁抵抗測定

表3・7　高圧ケーブル絶縁抵抗の判定基準

| 測定時 | ケーブル部位 | 測定電圧 | 絶縁抵抗値 | 判　定 |
|---|---|---|---|---|
| 5 000 Vで測定 | 絶縁体 | 5 000 V | 5 000 MΩ以上 | 良 |
| | | | 500 MΩ以上～<br>5 000 MΩ未満 | 要注意 |
| | | | 500 MΩ未満 | 不良 |
| | シース | 500 Vまたは250 V | 1 MΩ以上 | 良 |
| | | | 1 MΩ未満 | 不良 |
| 10 000 Vで測定 | 絶縁体 | 10 000 V | 10 000 MΩ以上 | 良 |
| | | | 1 000 MΩ以上～<br>10 000 MΩ未満 | 要注意 |
| | | | 1 000 MΩ未満 | 不良 |
| | シース | 500 Vまたは250 V | 1 MΩ以上 | 良 |
| | | | 1 MΩ未満 | 不良 |

(3)　絶縁耐力試験

高圧電路や機器の絶縁性能については，最大使用電圧（6 900 V）の1.5倍の交流電圧を連続して10分間印加してこれに耐える性能を有することと定められている．また，高圧ケーブルの場合は対地静

表3・8 高圧電路・機器の絶縁耐力

| 対象物 | 課電部分 | 使用電圧<br>(最大使用電圧の倍数) | 試験時間<br>(連続して) |
|---|---|---|---|
| 高圧の電路 | 電路と大地間 | 1.5倍の交流電圧 | 10分間 |
| 高圧ケーブル | 心線相互間 | 3倍の交流電圧 | |
| | 心線と大地間 | 1.5倍の交流電圧 | |
| 変圧器 | 巻線と他の巻線および鉄心・外箱間 | 1.5倍の交流電圧 | |

使用最大電圧＝公称電圧 $\times \dfrac{1.15}{1.1}$

※高圧電路・機器の最大使用電圧 $= 6\,600 \times \dfrac{1.15}{1.1} = 6\,900$ V

交流耐圧試験電圧 $= 6900 \times 1.5 = 10\,350$ V

直流耐圧試験電圧 $= 6\,900 \times 1.5 \times 2 = 6\,900 \times 3 = 27\,000$ V

電容量が大きく，試験に要する電源容量が大きいため，最大使用電圧（6 900 V）の3倍（交流試験電圧の2倍）の直流電圧で試験を行うことが認められている．

図3・20は絶縁耐力試験回路の例である．試験器は絶縁耐力試験装置を使用する．試験器で電源部・操作部を調整し，耐圧トランスから被試験回路に試験電圧を印加する．なお，電圧の印加は3線一括と対地間を原則とする．10分間の印加中に異音，異臭などがな

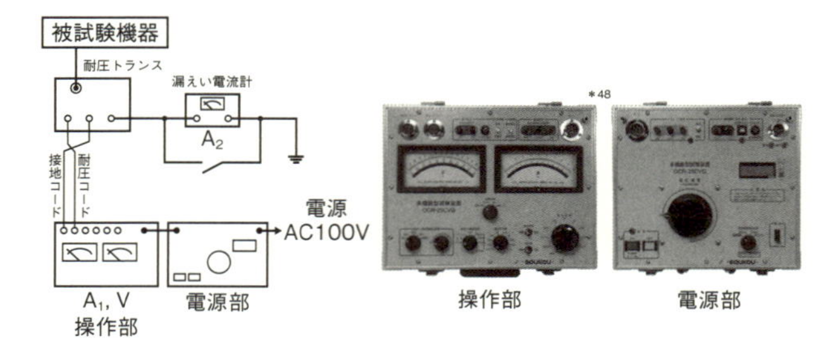


図3・20 絶縁耐力試験回路の例

いかを目視で確認し，漏えい電流を計測する．

絶縁耐力試験は，通常の運用値より高い電圧を印加する破壊検査である．そのため試験前後に1 000 V電圧での絶縁抵抗測定を行い，回路に異常がないかを確認する．

(4)　保護継電器試験

**表3・9　保護継電器試験の判定基準の一例**

<table>
<tr><td rowspan="2">準拠JIS</td><td>高圧受電用<br>地絡継電装置</td><td>高圧受電用<br>地絡方向<br>継電装置</td><td>高圧受電用<br>過電流継電器</td></tr>
<tr><td>JIS C 4601</td><td>JIS C 4509</td><td>JIS C 4602</td></tr>
<tr><td>動作電圧<br>特性</td><td></td><td>整定値±25％以内で動作</td><td></td></tr>
<tr><td>動作電流<br>特性</td><td colspan="2">整定値±10％以内で動作</td><td>限時要素：<br>整定値±10％以内で動作<br>瞬時要素：<br>整定値±15％以内で動作</td></tr>
<tr><td>位相特性</td><td></td><td>製造者の明示する範囲内動作</td><td></td></tr>
<tr><td rowspan="2">動作時間<br>特性<br>単体</td><td colspan="2">整定値の130％で0.1～0.3秒以内に動作</td><td rowspan="2">限時要素：<br>$t/T - N/10 \leqq 0.17$ (0.12)<br>で動作<br>$t$ = 整定値の300％（700％）<br>動作時間<br>$T$ = 公称動作時間<br>（動作時間整定目盛位置 $N$）<br>瞬時要素：<br>0.05秒以内で動作</td></tr>
<tr><td colspan="2">整定値の400％で0.1～0.2秒以内に動作</td></tr>
<tr><td>慣性特性</td><td colspan="2">整定値の400％の電流を急激に0.05秒の間通電して動作しない（不動作）</td><td></td></tr>
<tr><td>判定基準</td><td colspan="3">関連する遮断器，故障表示等，警報装置，遮断器の開閉装置等が正常に動作すること</td></tr>
</table>

保護継電器試験は，保護装置ごとに動作特性を試験し，継電器が連動する遮断器，故障表示器，警報装置，遮断器の開閉表示などが正常に動作するかを確認する．表3・9に保護継電器試験の判定基準の一例を示す．

(a)　過電流継電器試験

試験器は過電流継電器試験装置を使用する．保護継電器試験には試験端子を用いる．試験端子は上列と下列を，それぞれ過電流継電器側と計器用変流器（CT）二次側に分けて接続している．通常試験端子は上下を短絡片でつないでいるが，試験時は変流器側の端子をこの短絡片で短絡する．これはCTの二次側が開放されると変流器に高電圧が発生し危険になるためである．

①　最小動作特性試験

主接点が完全時に閉じる最小電流と始動表示が開始する始動電流を測定する．

（判定基準）整定値±10％以内

②　動作時限特性試験

現在の整定目盛りと動作時間目盛り10で，整定電流タップの300％，700％の電流を流すときの動作時間を測定する．

（判定基準）公称時間に対して，300％のとき±17％以内，700％のとき±12％以内

③　瞬時要素動作特性試験

瞬時要素の整定目盛の電流を流すときの動作時間を測定する．

（判定基準）整定値±10％以内

④　遮断器との連動試験

継電器と遮断器を連動するとき，遮断機の遮断時間を含めた動作時間を測定する．

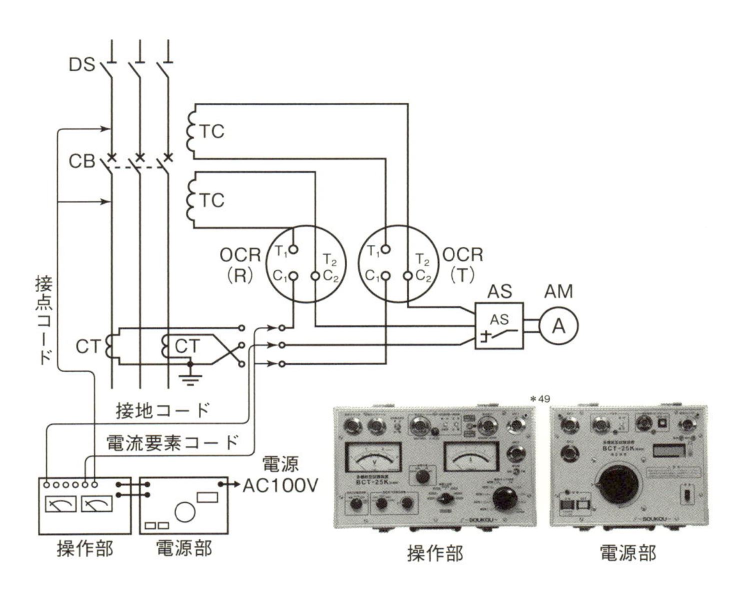


図3・21　過電流継電器試験の結線図例

(b)　地絡方向継電器試験

図3・22は地絡方向電器試験回路の例である．試験器は位相特性試験装置を使用する．

専用試験器の接続コードで零相計器用変流器（ZVT）より電圧要素を，零相変流器（ZCT）より電流要素を，地絡方向継電器（DGR）より継電器の接点動作を取り込み，動作特性試験を行う．

①　試験ボタンによる手動動作確認

試験ボタンを押し，遮断装置の動作及び継電器の動作表示を確認する．

②　動作電圧試験

製造者が明示する試験電流及び位相角を整定し，継電器及び遮

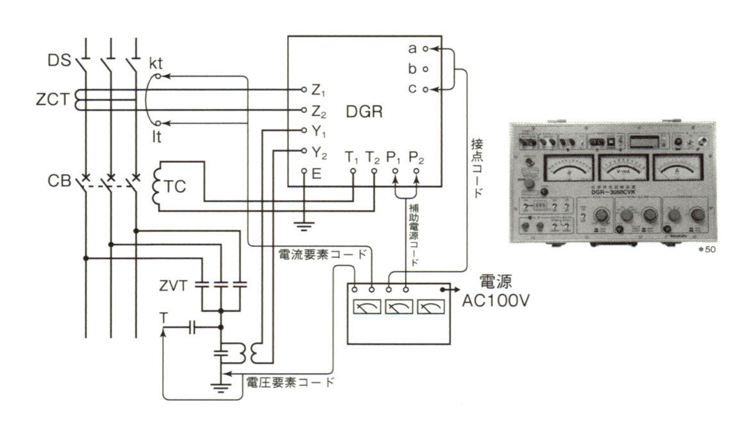


図3・22　地絡方向継電器試験結線図の例

断器が動作する電圧値を測定する．

（判定基準）整定値±25％以内

③　動作電流試験

製造者が明示する試験電圧及び位相角を整定し，継電器及び遮断器が動作する電流値を測定する．

（判定基準）整定値±10％以内

④　位相特性試験

製造者が明示する試験電流及び試験電流を整定し，継電器及び遮断器が動作する位相角を測定する．

（判定基準）製造者が示す範囲内にあること

⑤　動作時間試験

製造者が明示する試験電圧，電流及び位相角を整定し，電流を整定値の130％及び400％流したときの継電器及び遮断器が動作する時間を測定する．

（判定基準）製造者が示す範囲内にあること

(5)　シーケンス試験

規模の大きな高圧受電設備ではシーケンス（sequence）制御が組まれている．シーケンス（sequence）制御とは，あらかじめ定められた順序に従って制御の各段階を進める制御をいう．

例えば電気事故が発生した際に，保護継電器が動作し遮断器を開放する．その際，受電盤や遠方の操作盤などに警報の発報や表示を行う．シーケンス試験は各機器が連動して機能を果たしているかを確認するため，高圧受電設備を設置する際や，定期点検の際に実施する．シーケンス試験の内容には次のようなものがある．

・保護継電器がテストボタンなど手動動作で，遮断器が連動動作するか．
・保護継電器や警報器はテストボタンなど手動動作で，警報の発報やランプ表示を行うか．
・断路器にインターロック回路がある場合，遮断器が投入するときに断路器が操作できないようになっているか
・不足電圧継電器は復電・停電状態で定められた遮断器の開放又は投入動作など順次行うか．

## (iv) CVケーブルの劣化診断

電力用CVケーブル（ポリエチレン及び架橋ポリエチレンケーブル）を劣化させる要因に水トリーがある．水トリーは，水分と電界の共存下で樹枝状（トリー）に成長してゆく白濁部で，大きさが0.1～1 μmの無数の水滴の集合体である．水トリーが発生，伸展するとケーブルの絶縁寿命が著しく低下し，絶縁破壊事故の原因となる．

水トリーは，CVケーブルの絶縁体中に浸水した水と異物や気泡（ボイド），突起などに加わる局部的な高電界との相乗作用によって絶縁体中に発生，伸展するもので，内部半導電層から伸展する内導

水トリー，外部半導電層から伸展する外導水トリー，絶縁体中の気泡（ボイド）や突起を起点に発生するボウタイ状水トリーがある．

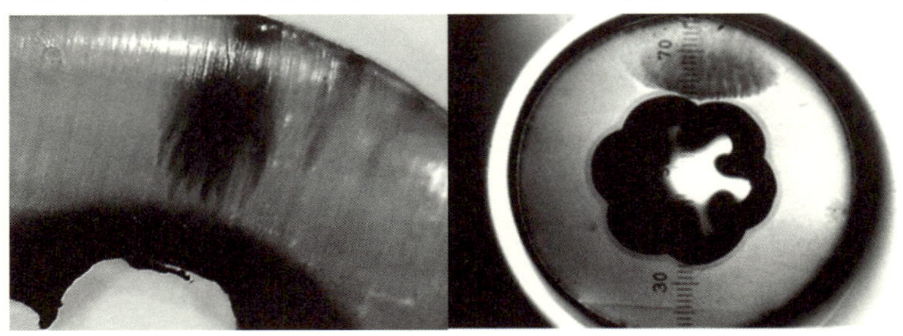

図3・23 水トリー

［出典］『平成26年度技術研究発表会資料』
（公益社団法人東京電気管理技術者協会より提供）

水トリーによるCVケーブルの劣化診断は，直流漏れ電流測定で行われる．この方法はケーブル絶縁体に直流高電圧を印加し，測定される漏れ電流の大きさあるいは，漏れ電流の時間特性の変化から絶縁性能を調べる方法である．図3・24に漏れ電流—時間特性の例

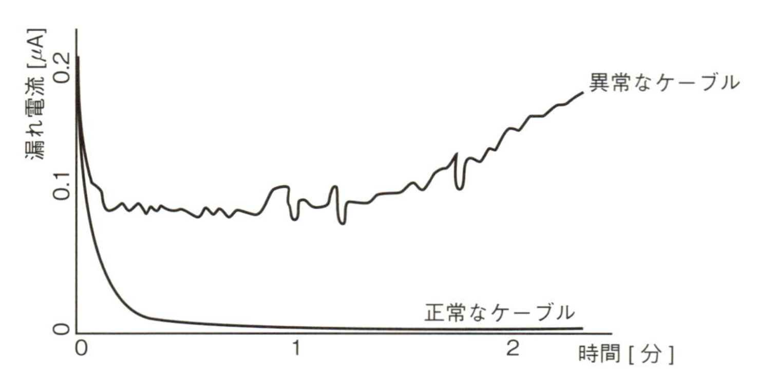


図3・24 漏れ電流—時間特性

を示す．

CV ケーブルが正常な場合，直流電圧印加後の漏れ電流は時間とともに減少し，ある一定値になった後ほとんど変化しない．一方，CV ケーブルが劣化している場合は，測定時間中の漏れの電流値の増加や電流キック現象が現れる．また測定される電流値は正常な場合に比べて著しく大きい．一般的に正常な CV ケーブルの漏れ電流値は微少であり，この程度の劣化状態を知るためには，現場の測定精度を十分高くする必要がある．直流漏れ電流測定の試験器には，直流耐圧試験装置を使用する．

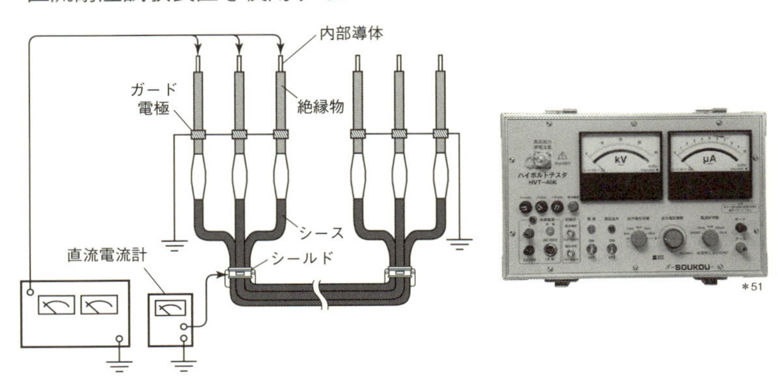


図3・25 直流漏れ電流測定試験の例

# 写真提供・出典

[1] 大垣電機株式会社（＊1，＊2，＊3，＊42，図2.62，図3.1，図3.3）
[2] 住電日立ケーブル株式会社（＊4，＊5）
[3] 西日本電線株式会社（＊6）
[4] 藤津碍子株式会社（＊7，＊8，＊9，＊10，＊13）
[5] 日東工業株式会社（＊11，＊12）
[6] 一般財団法人電気技術者試験センター
「平成21年度第一種電気工事士筆記試験問題問22」（＊14，図2.54，図2.55，図2.56）
「平成28年度第一種電気工事士筆記試験問題問48」（＊15，図2.54，図2.56）
「平成25年度第一種電気工事士筆記試験問題問49」（＊18，図2.54，図2.62）
「平成28年度第一種電気工事士筆記試験問題問22」（＊23，図2.54，図2.57）
「平成25年度第一種電気工事士筆記試験問題問23」（＊27）
「平成19年度第一種電気工事士筆記試験問題問46」（＊35，＊37，図2.54，図2.58，図2.60）
「平成18年度第一種電気工事士筆記試験問題問50」（＊36，図2.54，図2.58）
「平成22年度第一種電気工事士筆記試験問題問47」（＊38，＊39，＊40，図2.54，図2.60）
[7] 三菱電機株式会社（＊16，＊17，＊19，＊20，＊26，＊29，＊30，＊31，＊32，＊33，＊44，＊45，図2.54，図2.58，図2.59，図2.60，図2.61，図2.63）
[8] 日新電機株式会社（＊21，図2.54，図2.61）
[9] 株式会社戸上電機製作所（＊22，＊41，図2.54，図2.55）
[10] 株式会社日立産機システム（＊24，＊43，図2.54，図2.57，図2.63）
[11] 富士電機機器制御株式会社（＊25，図2.54，図2.59）
[12] エナジーサポート株式会社（＊28，図2.54，図2.63）
[13] 大崎電気工業株式会社（＊34，図2.54，図2.56）
[14] 共立電気計器株式会社（＊46，＊47）
[15] 株式会社双興電機製作所（＊48，＊49，＊50，＊51）

# 参考文献

[1] 一般社団法人日本電気協会・使用設備専門部会:『高圧受電設備規程 JEAC 8011-2014』 2014年
[2] 関東電気保安協会Webサイト:「自家用電気工作物の定義」〈https://www.kdh.or.jp/corporation/rpora〉(参照2017-8-4)
[3] 電気事業連合会Webサイト:「電気が伝わる経路」〈http://www.fepc.or.jp/enterprise/souden/keiro/index.html〉(参照2017-8-4)
[4] 関東電気保安協会Webサイト:「責任分界点」〈https://www.kdh.or.jp/safe/document/knowledge/hp_equipment03.html〉(参照2017-8-4)
[5] 公益社団法人東京電気管理技術者協会:『平成26年度技術研究発表会資料』
[6] 一般社団法人日本電気工業会:『計器用変成器技術専門委員会資料』
[7] 池田隆一監修/安永頼弘構成/池田紀芳協力:『ぜんぶ絵で見て覚える第1種電気工事士筆記試験すい〜っと合格2016年版』オーム社,2016年
[8] 矢崎エナジーシステム株式会社Webサイト:「高圧・特別高圧絶縁電線カタログ」〈https://densen.yazaki-group.com/catalog/64/OE_catalog.pdf〉(参照2017-6-8)
[9] 西日本電線株式会社Webサイト:「6600V CV,6600V CVTスペック 」〈http://www.nnd.co.jp/products/electric/electricity/__icsFiles/afieldfile/2011/05/30/6600v_cv.pdf〉(参照2017-6-8)
[10] 泉州電業株式会社Webサイト:「6600V KIP構造図」〈http://www.sky-senden.com/shop/page?page_id=3012〉(参照2017-6-8)
[11] 西日本電線株式会社Webサイト:「CVV等」〈http://www.nnd.co.jp/products/electric/control/__icsFiles/afieldfile/2011/05/30/cvv.pdf〉(参照2017-6-8)
[12] 一般社団法人日本電力ケーブル接続技術協会Webサイト:「JCAA技術報告書第2号 高圧ケーブル用終端接続部について」〈http://www.jpcaa.or.jp/pdf/gijyutu/report2.pdf〉(参照2017-6-8)
[13] 三菱電機株式会社Webサイト:「三菱計器用変成器カタログ」〈http://dl.mitsubishielectric.co.jp/dl/fa/document/catalog/pmd/ym-c-y-0550/y0550r1608.pdf〉(参照2017-6-8)
[14] 公益社団法人日本電気技術者協会Webサイト:「進相コンデンサ回路に直列リアクトルを設置する目的」〈http://www.jeea.or.jp/course/contents/05103/〉(参照2017-7-7)
[15] 株式会社明電舎Webサイト:「電磁操作形真空遮断器VRシリーズカタログ」〈http://www.meidensha.co.jp/catalog/gb/GB50-3206.pdf〉(参照2017-6-8)
[16] 東北計器工業株式会社Webサイト:「電力量計の原理(誘導形電力量計の動作原理)」〈http://www.keiko.co.jp/whats/principle/yudo.html〉(参照2017-6-20)

[17] 大崎電気工業株式会社Webサイト:「誘導形電力量計とは」〈http://www.osaki.co.jp/specialcontents/tabid/301/Default.aspx〉(参照2017-6-20)
[18] 川本浩彦著:『6kV高圧受電設備の保護協調Q&A』 エネルギーフォーラム, 2006年
[19] 林武志著:『保護継電器読本 第2版』オーム社, 1994年
[20] オーム社編:『高圧受電設備等設計・施工要領(改訂2版)』オーム社, 2012年
[21] 一般社団法人日本電気協会・系統連系専門部会:『系統連系規程JEAC 9701-2012』 2013年
[22] 大嶋輝夫・山崎靖夫共著:『これも知っておきたい電気技術者の基礎知識』電気書院, 2011年
[23] 公益社団法人日本電気技術者協会Webサイト:「高圧受電設備の保護について」
〈http://www.jeea.or.jp/course/contents/05204/〉(参照2017-7-10)
[24] オムロン株式会社Webサイト:「基礎知識を学ぶ継電器とは? 地絡継電器の概要(1)」〈http://www.fa.omron.co.jp/product/special/protection_relay/basic/03/01.html〉(参照2017-7-10)
[25] オムロン株式会社Webサイト:「デジタル形地絡方向継電器K2GF-Hカタログ」〈http://www.fa.omron.co.jp/data_pdf/cat/k2gf-h_ds_j_2_1.pdf?id=822〉(参照2017-7-10)
[26] 株式会社東芝Webサイト:「真空遮断器V4C/V6C形シリーズ(手動ばね操作)V4D/V6D形シリーズ(電動ばね操作)カタログ」〈http://www.toshiba.co.jp/tandd/jp/swgr/pdf/catalog/swgr_v4cv6c.pdf〉(参照2017-7-10)
[27] 三菱電機株式会社Webサイト:「三菱保護継電器〈高圧受配電用〉MELPRO-Aシリーズカタログ」〈http://dl.mitsubishielectric.co.jp/dl/fa/document/catalog/pror/k-k06-1-c5715/K-K06-1-C5715-V.pdf〉(参照2017-7-11)
[28] 共立電気計器株式会社Webサイト:「接地抵抗計MODEL4102A取扱説明書」〈http://www.kew-ltd.co.jp/files/jp/manual/4102A_IM_92-1488E_J_L.pdf〉(参照2017-7-11)
[29] 共立電気計器株式会社Webサイト:「絶縁抵抗計KEW3432取扱説明書」〈http://www.kew-ltd.co.jp/files/jp/manual/3431_3432_3441_3442_JIS_IM_92-2167D_J_L.pdf〉(参照2017-7-11)
[30] 共立電気計器株式会社Webサイト:「高圧絶縁抵抗計KEW3125A取扱説明書」〈http://www.kew-ltd.co.jp/files/jp/manual/3125A_IM_92-2191A_J_L.pdf〉(参照2017-7-11)
[31] 双興電機製作所Webサイト:「多機能型試験装置OCR-25CVG取扱説明書(第2版)」〈http://www.soukou.co.jp/pdf/0005.pdf〉(参照2017-7-12)
[32] 双興電機製作所Webサイト:「多機能型試験装置BCT-25K取扱説明書(第3版)」〈http://www.soukou.co.jp/pdf/0009.pdf〉(参照2017-7-12)

[33] 双興電機製作所Webサイト:「無歪み型位相特性試験装置（VR試験可能型）DGR-3050CVK（5A出力）取扱説明書」〈http://www.soukou.co.jp/pdf/0024.pdf〉（参照2017-7-13）
[34] 双興電機製作所Webサイト:「ケーブルの絶縁診断の接続方法（三相一括の場合）」〈http://www.soukou.co.jp/pdf2/0107.pdf〉（参照2017-7-14）

# 索　引

## アルファベット

### A



### C



### D



### E



### G

## W



## Z



## かな

## あ



## え



## か



## き



## く



## け



## こ

## さ



## し



## す



## せ



## た



## ち

## て



## と



## は



## ひ



## ふ



## へ



## ほ



## み



## む



## ゆ



## よ



## り

## れ



## ろ

# おわりに

分かり易く，を起点に執筆を取ったものの，浅学ゆえに多くの壁にあたり，遅々として進まない日々を経て，ようやく出版することができました．見えない電気を見えるように，と見栄をきったものの，こんにちの安定的な電力供給の背景には，先人たちの深い探求と，たゆまぬ技術の研鑽があったことをあらためて痛感することになりました．

読み返してみると，技術用語や省令の用語の定義を逸脱することが出来なかったため，難解な表現が散見されます．筆者の貧困な語彙と勉強不足によるものでありますが，本を手にされる読者が少しでも視界が拡げられたらとの想いを汲み，ご寛容をいただければ幸いです．

本書が，読者の高圧受電設備への理解にすこしでもお役に立てたとすれば，筆者の望外の幸せです．

本書の執筆にあたり，多くの方から資料を参考にさせていただき，一部データを転用させていただきました．心からの謝意を表させていただきます．

最後に本書の執筆の機会をつくっていただいた，山形県電気工事高等職業訓練校・校長の藤田好宜様，また出版に当り全面的なご支援とご協力を頂きました，電気書院の俣田貴市様に心から御礼申し上げます．

2018年3月　筆者記す

〰〰 **著 者 略 歴** 〰〰

**栗田　晃一**（くりた　こういち）

| | |
|---|---|
| 1985年 | 国立鶴岡工業高等専門学校電気工学科卒業 |
| 1996年 | 栗田電気管理事務所設立 |
| 2000年〜 | 山形県電気工事高等職業訓練校電気工事科講師 |
| 2002年〜 | 財団法人省エネルギーセンター（のちに一般財団法人省エネルギーセンター）エネルギー使用合理化専門員<br>現在までに240件の工場・事業所の省エネ診断を実施 |
| 2008年 | エネルギー管理功労者<br>財団法人省エネルギーセンター支部長表彰 |
| 2009年 | エネルギー管理功績者　東北経済産業局長表彰 |
| 2015年 | 公益社団法人日本電気技術者協会東北支部<br>日本電気技術者協会東北支部長表彰 |
| 2017年 | 公益社団法人日本電気技術者協会東北支部<br>電気安全東北委員会委員長表彰 |




スッキリ！がってん！　高圧受電設備の本


2018年 6月22日　　第1版第1刷発行
2021年 2月10日　　第1版第2刷発行

著　者　栗田晃一（くりた こういち）
発行者　田中　聡

発　行　所
株式会社　電　気　書　院
ホームページ　www.denkishoin.co.jp
（振替口座　00190-5-18837）
〒101-0051　東京都千代田区神田神保町1-3ミヤタビル2F
電話(03)5259-9160／FAX(03)5259-9162

印刷　中央精版印刷株式会社
Printed in Japan／ISBN978-4-485-60038-2




**[本書の正誤に関するお問い合せ方法は，最終ページをご覧ください]**

# 書籍の正誤について

万一，内容に誤りと思われる箇所がございましたら，以下の方法でご確認いただきますようお願いいたします．

なお，正誤のお問合せ以外の書籍の内容に関する解説や受験指導などは**行っておりません**．このようなお問合せにつきましては，お答えいたしかねますので，予めご了承ください．

## 正誤表の確認方法

最新の正誤表は，弊社Webページに掲載しております．「キーワード検索」などを用いて，書籍詳細ページをご覧ください．
正誤表があるものに関しましては，書影の下の方に正誤表をダウンロードできるリンクが表示されます．表示されないものに関しましては，正誤表がございません．

**弊社Webページアドレス**
**http://www.denkishoin.co.jp/**

## 正誤のお問合せ方法

正誤表がない場合，あるいは当該箇所が掲載されていない場合は，書名，版刷，発行年月日，お客様のお名前，ご連絡先を明記の上，具体的な記載場所とお問合せの内容を添えて，下記のいずれかの方法でお問合せください．
回答まで，時間がかかる場合もございますので，予めご了承ください．

郵送先　〒101-0051
東京都千代田区神田神保町1-3
ミヤタビル2F
㈱電気書院　出版部　正誤問合せ係

ファクス番号　**03-5259-9162**

弊社Webページ右上の「**お問い合わせ**」から
**http://www.denkishoin.co.jp/**

**お電話でのお問合せは，承れません**

（2015年10月現在）